心声

——国网河南省电力公司离退休人员『我看公司新时代发展战略』征文集

国网河南省电力公司离退休工作部 组编

谢新立 王颖文 赵英剑 主编

U0284011

中国水利水电出版社
www.waterpub.com.cn

·北京·

图书在版编目（ＣＩＰ）数据

　　心声：国网河南省电力公司离退休人员"我看公司
新时代发展战略"征文集 / 谢新立，王颖文，赵英剑主
编. -- 北京：中国水利水电出版社，2018.12
　　ISBN 978-7-5170-7320-8

　　Ⅰ．①心… Ⅱ．①谢… ②王… ③赵… Ⅲ．①电力工
业－工业企业－企业发展战略－河南－文集 Ⅳ.
①F426.61-53

中国版本图书馆CIP数据核字（2018）第302606号

书　　名	心声——国网河南省电力公司离退休人员"我看公司 新时代发展战略"征文集 XINSHENG——GUOWANG HENAN SHENG DIANLI GONGSI LITUIXIU RENYUAN "WO KAN GONGSI XIN SHIDAI FAZHAN ZHANLÜE" ZHENGWEN JI	
作　　者	主编　谢新立　王颖文　赵英剑	
出 版 发 行	中国水利水电出版社 （北京市海淀区玉渊潭南路1号D座　100038） 网址：www.waterpub.com.cn E-mail：sales@waterpub.com.cn 电话：（010）68367658（营销中心）	
经　　售	北京科水图书销售中心（零售） 电话：（010）88383994、63202643、68545874 全国各地新华书店和相关出版物销售网点	
排　　版	中国水利水电出版社微机排版中心	
印　　刷	北京瑞斯通印务发展有限公司	
规　　格	184mm×260mm　16开本　15.75印张　202千字	
版　　次	2018年12月第1版　2018年12月第1次印刷	
印　　数	0001—2500册	
定　　价	**58.00元**	

本书编委会

名誉主编　刘昌盛

主　　编　谢新立　　王颖文　　赵英剑

编　　委　杜亚伟　　尹　健　　梁德军　　李建华　　李春玲

姬晓丽　　姜　刚　　刘万福　　姚卫民　　赵亚楠

阮晓东　　付加贵　　苏小军　　李厚举　　李利梅

叶继方　　刘佩东　　张克升　　陈登亮　　贾国学

张晓利　　高　伟　　陶光杰　　赵建平　　王　俊

许玉伟　　肖宏旭　　杨　武　　刘　伟　　康　伟

李勤伟　　代向东　　温弘祥　　刘心志　　翁晓娟

王玉贤　　朱保飞　　郭建刚　　李　健　　王　玮

王惠民　　陈晓云　　刘艳华　　刘　波　　樊喜舒

序

　　中国改革开放四十年的历程，是一幅实现中华民族伟大复兴中国梦的光辉灿烂的画卷，镌刻着中国人民砥砺奋进、一往无前的坚定自信的脚印，生动实践了新时代中国特色社会主义的蓬勃生机和强大力量。

　　在这幅画卷上，河南电网发展走过了波澜壮阔的历程，实现了翻天覆地的巨变，特别是党的十八大以来，更是河南省电网事业发展的黄金时期，不论是工程建设、安全运行、技术装备，还是企业经营、管理服务、电力供应、队伍建设等，河南电网的发展不断取得跨越突破，持续迈上新的台阶。近五年来，在国网河南省电力公司党委的坚强领导下，经过全体干部职工的艰苦奋斗，公司一举甩掉了连年亏损、冗员严重的沉重负担，持续发展能力得到巨大提升；电网投入连年突破300亿元，实现了以特高压网架为引领的各级电网新飞跃，服务经济发展的能源保障能力空前增强，赢得了各级党委政府和社会各界的交口赞誉。这些累累硕果是公司党委坚决贯彻党和国家的能源政策、落实国家电网公司和省委省政府的决策部署、忠实践行"人民电业为人民"服务宗旨的结果，包含着四十年来广大电力职工，尤其是每一位离退休老同志的无私奉献和辛勤汗水。

　　回首四十年的创业创新岁月，曾经风华正茂、意气风发的电力人，如今已是满头银发、儿孙绕膝的耄耋老人。他们虽然离开了工作岗位，但依然心系企业，牵挂电网发展，依然在为企业和电网发展发挥着宝贵的余热。在庆祝改革开放四十年的喜庆时刻，公司广大离退休老同志踊跃参加"我看公司新时代发展战略"系列活动，戴上老花镜，拿起春秋笔，回忆往昔，笑看现在，憧憬未来，豪情满怀，一篇篇诗词散文宛如一股股激荡着热血的溪流汇集呈现。

古人说：诗以言志，文以载道，言为心声。在这本集子里，也许有的诗词不合韵律，有的文章略显松散，但是透过这一行行的文字，老同志对国家、对事业、对人生的炽热情感扑面而来，我们分明可以感受到四十年来电网发展一步步前行的清晰脉络，感受到电网企业服务人民、奉献社会的真挚情怀，感受到伟大祖国走向强盛的铿锵足音。

走进新时代，"两个百年"的壮丽蓝图在召唤着我们不忘初心、继续前进；踏上新征程，"追求精益卓越、加快本质提升，实现高质量发展"的进军号角响彻中原大地。日月有轮回，事业有传承。公司三万六千余名离退休职工将在以习近平新时代中国特色社会主义思想的指引下，老骥伏枥，笑迎夕阳，永葆本色，携手前行，为党和人民的事业勇添正能量，为公司和电网发展献计献策、再做新贡献。

是为序。

编者

2018年12月4日

目　录

序

| 诗　词 |

| 征 文 |

心声

诗　词

永远跟着共产党

国网平顶山供电公司　邢金有

我热爱中国共产党，
是因为她为了挽救中国，
跋山涉水，去寻真理，
终于搬来了马克思列宁主义。

我热爱中国共产党，
是因为她依靠无产阶级，
创建自己的工农队伍，
举起镰刀斧头红色大旗。

我热爱中国共产党，
是因为她为了推倒三座大山，
勇往直前，不怕牺牲，
英勇奋斗，前仆后继。

我热爱中国共产党，
是因为她在革命低潮时，
没被吓倒，沉着冷静，
保存实力，选择长征。

我热爱中国共产党，

是因为她打铁身板骨头硬，

视死如归不低头，

品质高尚又光荣。

我要加入中国共产党，

是因为她光明磊落，

三大作风是法宝，

经常开门搞整风。

我要加入中国共产党，

全国解放心沸腾，

建立人民新中国，

衷心发出欢呼声。

我要加入中国共产党，

改革开放立新功，

各行各业大发展，

人民生活乐无穷。

我要加入中国共产党，

接受培育好作风，

党的恩情比海深，

不忘领袖毛泽东。

我要加入中国共产党，
先烈意志永继承，
为了实现中国梦，
跟党奋斗至终生。

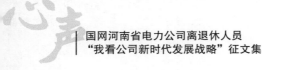

向 国 旗 敬 礼

国网三门峡供电公司　　王爱群

小时候，

看得最多的电影是《闪闪的红星》，

唱得最多的歌是《五星红旗迎风飘扬》，

戴的最多的是用革命烈士鲜血染红的旗帜一角——红领巾，

说得最多的话语是：生在新社会，长在红旗下，

行的最多的礼是恭敬地向国旗敬礼。

长大了，

听到了南湖飘荡的小船里传来的坚定声音，

踏上了南昌起义硝烟弥漫、炮火纷飞的战场，

走进了会师井冈山的中国第一个革命根据地，

理解了遵义会议在中国革命史上的里程碑作用，

坚定了一个崇高的信念：没有共产党就没有新中国！

一场场腥风血雨，不屈不挠……

一幕幕坎坷历程，百炼成钢……

洗百年耻辱于当代，救民族危难挺脊梁，

中国共产党从小到大，由弱到强，

你是腾空飞舞的东方巨龙，

你是威武雄壮的雄狮吼响。

人民仰望着你的旗帜，心中充满着赤诚向往，
人民紧跟着你的脚步，胸中信念坚定，执着如钢，
人民为你抛头颅、洒热血，只为追求光明的理想，
人民和你无畏风霜雨雪，只为心中那布尔什维克的建立方向。
你用事实向世界证明了你的无私无畏、无比坚强，
你用事实向人民证实了你的革命纲领、最高理想！

天安门前的开国礼炮向世界宣告了中国的自立自强、民族解放，
奥运火炬的传递向世界展示了中国的国富民强，奋发向上，
汶川地震的援建让世界明白了民族的风雨同舟，大爱无疆，
党员干部队伍的严肃整治宣布了执政党的铁面无私，从严治党，
抗战胜利的纪念使人民回望历史，不忘国耻，民族意识增强，
航天工程的胜利让中国了解太空、认知世界，开发宇宙梦想。

九十七岁不是耄耋，不是夕阳，
九十七岁正是意气风发，豪情万丈，
九十七年的光辉历程，成就了一个民族的伟业，
九十七年的岁月，铸就了一个政党的辉煌，
九十七年的豪迈脚步，让我们的民族走向繁荣和昌盛，
九十七年的丰功伟绩，使我们的国家走向世界，走向辉煌。

伟大的党啊，中国选择了你，永远有方向，
伟大的党啊，时代选择了你，历史铸篇章。

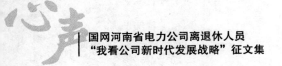

让我们向国旗敬礼！让我们向祖国献歌！

让五星红旗永远飘扬在神州大地上，

祝福我们的党青春永驻，永远安康！

祝福我们的祖国繁荣昌盛，奋发向上！

歌颂党的十九大

国网许昌供电公司　王长法

十九大精神放光芒，新时代思想指航向。

反腐固基加强党建，党的领导坚强如钢。

法治法规日趋完善，依法治国显著呈现。

文教卫生蓬勃发展，精神文明硕果累累。

整军肃纪再振军威，政治兴军提升战力。

科技兴国日新月异，中国制造誉满全球。

一带一路连通世界，国际威望日益高涨。

经济实力位居第二，国富民丰东方屹立。

人民幸福安居乐业，精准扶贫同奔小康。

砥砺奋进全国举力，双百目标实现梦想。

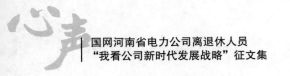

改革开放四十周年颂歌

国网平顶山供电公司　介全根

改革开放四十年，中华大地大改观。

缺吃少穿成历史，小康社会现眼前。

改革开放四十年，鹰城电力大发展。

城市转型步伐稳，各行各业换新天。

改革开放四十年，电力先行助中原。

一带一路枢纽地，黄河两岸谱新篇。

改革开放四十年，全国人民干劲添。

步步紧跟党中央，奋战两个一百年。

接力续写新时代答卷

——走进西柏坡有感

河南送变电建设有限公司　周珑珑

走近西柏坡，

你会看得到，

一组群体雕像的强大震撼力。

走进西柏坡，

你能感受到，

那是一片炽烈灼人的红色土地。

这里曾是，

中国最后一个农村指挥所；

这里更是，

翻开中华人民共和国新篇章的出发地。

站在那仅十余平方米狭小空间，

似乎仍能看到雪片般飞舞的电文，

展现着我党领导集体的智慧与建树。

指点江山，

重整山河，

传递着一个伟人的韬略和霸气。

在这里，

夜以继日他们运筹帷幄，

掌控着万流归海的大局，

调动着勇猛无畏的英雄铁骑，

吹响了三大战役的进军号，

粉碎了蒋家王朝划江而治的黄粱梦欲。

他们未雨绸缪，

召开具有深远意义的七届二中全会，

制定政策整顿纲纪，

筑牢党的工作重心转移的磐石根基。

在这里他们深思熟虑，

不惧困难"进京赶考"，

把人民群众深深地装在心底。

当毛泽东主席振聋发聩地向全世界宣告：

"中华人民共和国成立了！"

那写满治国之策的答卷就已徐徐展启。

让革命的浪漫主义精神，

成为一段佳话，

流传在辽阔的神州大地。

回顾我党的光辉历史，

缅怀英烈先辈们的丰功伟绩，

我们每一个共产党员，

无不心潮澎湃激动不已。

那用鲜血和生命换来的胜利，

使我们的信念更加坚定。

今天我们伟大的祖国，

经济快速腾飞，

人民更加富裕，

大国担当，

一带一路惠友朋，

东方巨龙威震寰宇。

习总书记好舵手，

描绘蓝图总揽全局，

新一代党中央领导集体，

为实现"两个一百年"奋斗目标，

精心谋划依法治国，

坚持"四个自信"，

重温"两个务必"。

一朝入党举手宣誓，

终身要做一面迎风招展的红旗。

你我不论职务大小，

莫谈地位高低，

积极传递正能量，

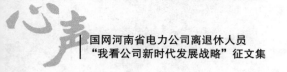

国网河南省电力公司离退休人员
"我看公司新时代发展战略"征文集

为繁荣祖国的经济发展，

需要我们团结一心共同接力。

不忘初心，

牢记使命，

紧跟党中央的步伐凝心聚力，

为中华崛起民族复兴，

实现中国梦，

撸起袖子加油干，

着力建设新时代中国特色社会主义！

14

让 梦 成 真

国网安阳供电公司　石万禄

良药苦口利于病，忠言逆耳利于行。

悬崖勒马急回转，渴望佳人救性命。

人在社会要忠诚，坑蒙拐骗落骂名。

为民服务做好事，学习榜样是雷锋。

见义勇为是英雄，救死扶伤立首功。

方便予人人高兴，困难留己受尊敬。

两学一做党指令，党员干部要记清。

理论实践相结合，学习目的在实用。

国富民强融繁荣，脱贫奔康为百姓。

军事设施高科技，国防力量日益增。

打铁还需自身硬，反腐倡廉不能松。

老鼠过街人喊打，老虎苍蝇灭干净。

党政军民齐行动，祖国大业都兴隆。

爱国统一大势趋，人间正道是沧桑。

世界人民反战争，安宁祥和靠和平。

各国矛盾互谅解，共同赶走侵略兵。

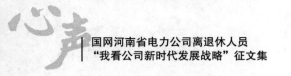

颂　　党

国网郑州供电公司　袁万良

苦母诞骄子，

浴血荡国殇。

百战灭万敌，

睡狮已雄狂。

路漫万千重，

谁人能阻挡。

再待百年来，

瓮酒庆首强。

七　律

国网濮阳供电公司　胡红光

瑞金延安万千险，星星之火可燎原；

窑洞宝塔定乾坤，天安门前国旗艳。

日出东方云崖暖，泰山压顶腰不弯；

两弹一星聚能量，民富国强震海天。

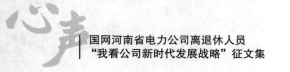
大 好 形 势

国网信阳供电公司　王元朝

放眼神州满目青，不忘初心砥砺行。

各条战线齐奋进，全靠党把航程领。

当好发展先行官，行风建设来争先。

身退心随事业进，吾辈喜唱夕阳红。

喜迎十九大胜利召开

国网河南淮阳县供电公司　牛金铭

南湖画舫启航程，高举锤镰血染红。

万险千难何所惧，横刀跃马赴长征。

井冈星火燎原势，遵义古城拨雾濛。

草地雪山脚下踩，金沙赤水渡神兵。

延安灯塔放光彩，运筹帷幄窑洞中。

倭寇驱逐剿蒋匪，开国大典艳阳升。

改革开放指航向，经济繁荣百业亨。

民富国强看世界，小康大道路铺平。

国防建设超前化，装备高新陆海空。

探秘太空新跨越，九天揽月步闲庭。

和谐社会人心顺，国泰民安立丰功。

福到农家免税费，医保养老惠民生。

与时俱进不停步，明镜高悬警世钟。

打虎拍蝇扬正气，倡廉反腐树新风。

重新再启长征路，不忘初心志秉忠。

彩绘蓝图多壮丽，举国共筑梦复兴。

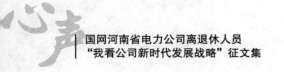

全民健康奔小康

国网平顶山供电公司　李秀芝

习总书记发号召，全民健康最重要。

健康中国有规划，全国人民齐踊跃。

健康中国五重点，健康体系有八条。

健康生活要普及，健康环境要配套。

全国上下齐互动，开展运动很活跃。

广场舞，广播操，打拳扇子花样俏。

快乐舞步健身操，老少皆宜齐欢跳。

篮球排球乒乓球，奥运精神掀高潮。

营养膳食巧搭配，静动平衡要记牢。

身体健康精神好，幸福小康奔目标。

歌颂党的十九大

国网河南修武县供电公司　王胜利

万众欢呼十九大，神州各地凯歌响。

群英汇聚谋国事，盛世中华鸿运昌。

大会承前还启后，开来继往任担当。

党的报告为纲领，号令军民又远航。

为有初心镰斧至，誓将魔鬼扫除光。

国家治理需依法，勤政廉洁靠锦囊。

社会大同求特色，合情建设图富强。

民生改善常牵挂，济弱扶贫奔小康。

教育文明超世界，家国忠孝经常讲。

科学技术深发展，领跑全球志气昂。

听党指挥常备战，五军立体保国疆。

山河碧绿人人喜，美丽城村四季香。

改革开放求进步，均衡持久业宏昌。

蓝图宏伟锦绣现，世纪征程霞彩芳。

民主和谐齐韵好，又掀历史崭新章。

千言万语恩情表，歌颂英明共产党。

祝愿祖国更繁荣，党的队伍更强壮。

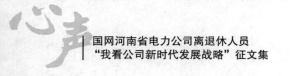
登井冈山

国网郑州供电公司　宋康群

其　一

罗霄山脉云雾中，枫香叶林雨蒙蒙。

千里寻觅红军魂，情深意切井冈行。

革命先烈永不朽，人民英雄万古青。

历史铭记红军兵，井冈精神世传承。

其　二

八角楼灯依然亮，步云兵场闻杀声。

红军标语今仍在，笔架山峰峭壁中。

黄洋哨口居险要，茅坪远眺领袖峰。

战马嘶鸣红军谷，茨坪旧居毛泽东！

我 的 祖 国

国网河南安阳县供电公司　和爱国

江河奔腾逐新浪，红旗猎猎迎风扬。

数载奋进惊世界，泱泱大国雄风展。

蛟龙腾浪探深渊，墨子巡天傲苍穹。

东风导弹巍然立，中华神器震寰宇。

精准扶贫奔小康，春风化雨润心房。

惠民新政正气扬，国泰民安谱华章。

生态屏障塞罕坝，沙漠绿洲树典范。

核心价值观念新，强基固本有力量。

中国方案响世界，共创人类新未来。

昂首迈进新时代，同心共筑强国梦。

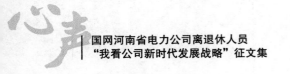

打 虎 兴 邦

国网郑州供电公司　赵芸生

中央揪出大老虎，全国人民鼓与呼。

卵生贪官消清尽，唯此才是一小步。

南方村中一小官，攫取村财到亿数。

贪官如若不清除，人民哪有好前途。

国际形势时严峻，自身不强必受辱。

甲午海战又甲午，子孙后代永记住。

国耻不能再重演，奋发团结保国土。

内肃贪官振经济，民富国强力量足。

倭寇胆敢来侵犯，豺狼东祸一齐缚。

改革开放谱新篇

国网平顶山供电公司　王殿试

改革开放四十年，光辉照亮平供电。

线路工区看一看，全新面貌大改观。

技术装备大发展，专家技师逐年添。

设备安上千里眼，障碍隐患早发现。

安全措施落实好，保证线路多送电。

改革开放指路灯，继续向前不放松。

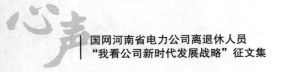
三 峡 情

国网郑州供电公司　赵芸生

长江源自万山中，百川千转水流东。

奔入山峡势如虎，西江石壁缚卷龙。

高峡平湖数百里，抗旱防洪发巨能。

从此过峡如坦途，岸边永绝号子声。

电网建设发展之感

国网信阳供电公司　王广林

改革开放四十年，国泰民安梦实现。

经济发展为主线，电力建设勇当先。

能源互联开新篇，电网建设展新颜。

特高网架技领先，坚强智能保安全。

清洁绿色新能源，低碳环保是关键。

优质服务首点赞，为民初心永不变。

责任央企冲在前，一带一路做贡献。

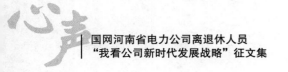
忆半生奉献许电　近古稀情怀未减

国网许昌供电公司　姜德英

半个世纪前我还是风华正茂未出校门的青年，

岁月如梭，已近古稀在不觉间。

年轻时的志向是升学、参军、豪气冲天，

可命运有时偏偏不能如愿。

一次偶然机会我突发奇想报考电校，

从此改变我人生道路和志愿。

毕业我分配到许昌电业部门，

从此和许电结下不解之缘。

从血气方刚的小伙、到离岗退休，

这一干竟是四十多年，

这是我生命的一半啊！

回首那四十多年的工作历程，

那激情燃烧的岁月犹如昨天。

七十年代的许昌电力紧缺，

线路屈指可数、装机容量不足。

忽如一夜春风来，

三中全会国运转，

拨乱反正、改革开放，

许昌电业也在这改革的大潮中地覆天翻。

促上划、改体制、创一流、达部标。

生产、经营、管理全面登上新起点。

近千公里的供电线路、几十座不同等级的变电站，

强大电力、优质服务，

许电在进步，许电在发展！

中国梦、国网情、新时代、新观念。

阶段性的成果、让许电人高峰永攀。

细化管理，提升服务，转变观念。

拼搏、奋斗，

人民电业为人民！

条条银线，如座座丰碑，

见证了几代许电人的努力。

追昔抚今，

我们老同志看在眼里，喜在心间。

我们自豪、我们骄傲，

许电的辉煌也曾有我们的付出和奉献。

如今我们虽已离岗退休，

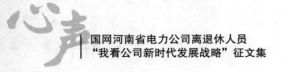

但许电的兴衰荣辱我们仍梦挂神牵。

我们关注着许电的今天与未来，

许昌电业蓬勃发展是我们共同愿景，

真诚祝愿许电的明天美好灿烂！

电力今昔感言

国网平顶山供电公司　孙增福

（一）

敬业爱岗师徒多，脚踏实地发奋学。

积淀跬步提素质，精修细调强网做。

心系用户巧安排，安全效益善把握。

辛劳改善供需求，再创辉煌市场活。

（二）

培训教学巧结合，科技引领革新多。

优势催生电力强，电网升级惠全国。

内强素质树形象，外助百业结硕果。

引领电源等级榜，点亮民生极光烁。

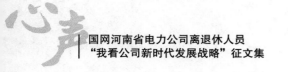

幸福的日子万年长

国网河南修武县供电公司　石爱珍

伏羲山伟岸挺拔，

云把山当成画布，

这里淡妆，那里浓抹，

勾勒出一幅美丽的画卷。

画卷中，

有一个小小的村落，

看，那是谁家门前的灯笼，

那么红，

咱老百姓的日子，

比那灯笼还红还亮。

按下开关，

光明驱走了黑暗；

打开电视，

世界呈现在眼前。

水缸里，

是用电泵抽的水，

山民们再也不用挑着水桶，

在崎岖的山路上走上半天。

面盆里，

是电磨磨出的面粉，

蒸出的馒头真香。

看，高兴的村民们，

咧着嘴不停地笑，

朴实的山里人呀，

只会边笑边说：

"得劲，得劲，真得劲！

这样的日子有奔头儿！"

调皮的小孙孙，

霸占着家中的电视，

一遍一遍地问爷爷：

"谁给了咱这样的日子？"

爷爷满脸喜色，大声说：

"是党的好政策，

是'户户通电'工程，

看到山上的铁塔了吗？

那是真诚的电力人，

冒着酷暑，顶着风雪，

一点一点架起的。

深山里没有路，

陡峭的悬崖，

连鸟儿都很少飞过。"

听得起劲的小孙孙，

禁不住好奇地问：

"爷爷，爷爷，

难不成他们长有翅膀，

飞得比云雀还高？"

爷爷摇摇头：

"他们没有翅膀，

可是他们说过，

一定要把光明送进大山。

这些可爱的人，

用自己的肩膀，

让铁塔傲然屹立在云海中！"

"爷爷，爷爷，

难道以前没有电吗？

我怎么记得，

村子里很早就有线杆？"

爷爷叹口气：

"前些年，

咱家的电灯哪有这么亮，

邻家叔叔想搞副业，

买的电磨只能放在角落里。

你爸赚钱买来的电视，

只能当摆设。

今年春天，

村子里来了一群电力人，

他们这里一接，那里一连，

在他们一通忙活下，

电灯亮了，

电磨转了，

电视能看了，

你爸也要回村，

张罗着建一个养猪场。"

爷爷笑着，

胡子一颤一颤，

"听电视上说，

十九大就要召开了，

咱们庄稼人的好日子，

还在后头呢！"

小孙孙跑出去，

看那高耸的铁塔，

这些铁塔，

是那么挺拔。

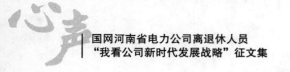

心 随 梦 远 行

郑州电力高等专科学校　闫玉慧

我曾经对孩子讲：

等你长大了，我就去远行。

我曾经对父母讲：

等我有空了，我带你们去远行。

我对爱人讲：

等我有闲暇了，我们一起去远行。

山那边的水在召唤，

水那边的花在放绽，

可除了在梦里，

却没有一次真的实现。

如今孩子长大了，

父母故去了，

爱人仍是忙，

我的承诺全没有兑现。

草绿了还黄，

花落了还开，

我来与不来，

它们都在我的梦里。

鬓已衰，

齿已摇，

可心里依然有，

一片花海。

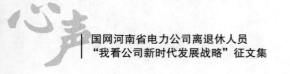
我们，伴光明同行

国网河南林州市供电公司　杨军强

（一）

平原山谷，茫茫草坡，红旗渠畔，

我们胸佩一枚金徽，电力子弟兵。

肩担、助力腰斩漆黑，

聚力，小康大道谋专攻。

挽手黄河网路，立足大行山顶，

七尺之躯，生就崖柏个性。

星，彪炳运行工的追寻，

夜，送来电网瑞风，

太阳，每每翻开新的一页，

大地，植下汗渍的电力魂种。

（二）

期望生出翅膀，同心感喟退隐，

浙水之滨，洹淇流域，水流三步为净。

一群蓬勃的青年，技师子孙，

痴心老根据地，敢塑电力新人，

在稚气中挺立岗位，在成熟中迎接彩虹。

杆、塔、线、表、盘、屏，一派铁骨铮铮；

谨慎拉合，维系一方黎明百姓；

移步细心，倾听客户心声；

串串钥匙，科技施策，电子材料企业滚动。

心甘情愿，满天太阳绽红。

自信，为我们打理工装。

勤测温、查接地，

履行规程当尖兵。

讲职责，提技能，论分寸，比规程。

人，舍得清寡；

情，不计热衷。

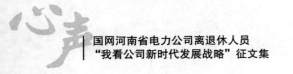
风雨兼程铸辉煌

国网许昌供电公司　赵志敏

当你看到许昌今天电力的辉煌，

可曾闻睹五十年前创业者艰辛的时光？

当时的父辈们装卸油开关只能用滚杠、手拉肩扛，

只能用脚踏暴雪寻找线路故障。

风寒雨露伴随他们走过了这艰辛的时光，

他们克服艰难换来了基础电网。

如今的特高压、超高压星罗棋布，

自动化、智能化运行井然有序，

源源不断的电力输向千家万户，

智能电网支撑起国民经济的飞速增长。

没有鲜花戴在昔日功臣们的胸口，

没有掌声为他们欢呼歌唱，

只有高耸的铁塔、银线、智能化设备，

只有布撒在大地上的电网才是他们昨日的辉煌。

让那些轰轰烈烈的成就成为过去吧，

让我们迎着每一个太阳的东升，

在大展宏图的时代，

用激情照亮千家万户，

用豪情点缀那斑斓的五彩之光。

忆 往 昔

国网濮阳供电公司　张乾坤

一九八四年，电业局组建；

市县局合并，驻扎县局院；

餐桌黄土地，蜗居车马店；

分配八学生，走了三对半；

交通六台车，服务八个县；

一线带一站，调度在车间；

供电多方案，拉闸为限电；

全年供电量，四亿多一点；

职工四百二，人心齐思变；

团结加拼搏，创业谱新篇。

三十年过去，弹指一挥间；

由弱变强大，梦想全实现；

公私车千辆，家家住宽房；

电网建设快，基建同发展；

超高手牵手，高压环套环；

电量九十亿，负荷四翻半；

服务赢市场，安全几千天；

实干树形象，荣誉频频传；

爱拼濮电人，任重而道远；

接力奋向前，登攀再登攀！

供电人的华章

国网济源供电公司　常玉国

当东方冉冉升起通红的太阳，
我们全身披上了金色的曙光。

踏着铿锵有力的时代节拍，
继续建设我们的国家电网。

党的十九大的召开催人奋进，
激励我们去实现伟大的梦想。

在习近平"新时代"思想的引领下，
我们把发展的主旋律高高唱响。

巍巍铁塔林立在黄河之滨，
条条银线布满了平原山冈。

我们把心血融入滚滚的电流，
去点燃千家万户的光明和希望。

我们把责任输入每条线路，
去温暖所有的城乡和工厂；
我们肩负着提供清洁能源的使命，

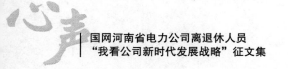
安全可靠地为经济社会保驾护航。

轰鸣的机器由于我们而动力十足，
广袤的土地因此焕发蓬勃的力量。

当狂风雨雪肆虐大地的时候，
我们在餐风茹雪地排除故障。

在万家灯火亲人团聚的除夕之夜，
我们坚守着岗位、巡视在大街小巷。

鲜红的党旗飘扬在我们的心头，
闪亮的党徽伴随我们一起上岗。

中原大地每条线路都有特殊的故事，
供电公司哪个岗位都有不凡的华章。

我们供电人历经了多少风风雨雨，
铸就了铁塔一样的坚强臂膀。
我们要尽快实现"一强三优"，
在未来的岁月更加百炼成钢。

我们要尽快建成现代化电网，
以新的成绩回报人民汇报党。

让我们昂首走在播种光明的大道上，
与时俱进，去创造明日的更大辉煌。

电 网 之 歌

国网开封供电公司　祁　赟

同志们，大家起来，

去建设坚强的电网。

现在还有客户不满的投诉，

还有停电给客户带来的忧伤，

我们要去建设全球能源互联网，

我们不愿看到还有停电的地方，

我们今天加班在一堂，

明天要建成世界一流的电网。

电网，电网，不断地坚强，

同志们，同志们，

快拿出力量，

去建设一流的电网。

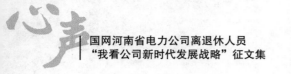

沁园春·国网颂

国网南阳供电公司　李全忠

国家电网，经纬神州，举世称雄。

看大江南北，银线凌空；座座杆塔，耸立苍穹。

特高交直，纵横联动，城乡用电得保证。

喜今日，录故国景象，处处沸腾。

电力务须先行，肯奋斗才有中国梦。

凭初心不忘，服务至上；社会责任，全员担承。

绿色发展，秀美华夏，"一强三优"更智能。

待明朝，居世界一流，岂非圣功？

电网建设快发展

国网平顶山供电公司　王克林

改革开放四十年，电网建设快发展。
电网建设智能全，无人巡线千里眼。
变电数据自动显，调度数据远程看。
抄表数据自动连，自动查询更方便。
科技创新求发展，日新月异上高端。

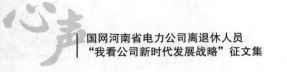
沁园春·赞电网建设

国网河南沁阳市供电公司　李思府

原大地，巍巍太行，黄河滔滔。

观电网建设，杆塔林立，电站密布，银线妖娆。

看特高压，翻山越岭，恰似蛟龙舞天骄。

乘东风，建设大电网，发展所要。

夯基础创一流，新时代、制定新规划。

"一六八"战略，蓝图绘就，号角吹响，整装待发。

电气自动，设备智能，更有管理网络化。

看今朝，再建电气化，扬鞭策马。

电力高速发展

国网平顶山供电公司　李秀芝

改革开放四十年，电力建设突发展。

火电水电核电站，太阳能来风力电。

生物质能垃圾电，地热能源在勘探。

超高压来特高压，大规模的智能电。

发电输电和配电，条条银线空中穿。

创新高效供好电，促进工农大发展。

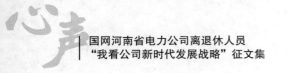
电力员工的崇高尊严

——寄语国家电网公司的职工

国网济源供电公司　常玉国

当你踏入国家电网的门槛，

从此就意味着重任在肩。

你，推动了经济社会前进的车轮，

你，维系着千家万户的生活和冷暖。

不管你工作在哪个岗位，

无论你是领导还是职员。

为民服务是你最大的职责，

廉洁奉公是你最高的权限。

职务是你们的奋斗平台，

廉洁是你们的共同诺言。

党纪是保持尊严的《安规》，

贪腐是不可触碰的高压线。

当你洽谈业务的时候，

贿赂是裹着糖衣的炮弹。

当你负责工程建设的时候，

红包是铺向牢房的黑地砖。
如果把公款公物纳入私囊，
你的尊严就被低贬和污染。

当你开启了贪腐的闸门，
罪恶的洪水就会滔滔不断。

用灰色收入所积累的财产，
将化作你枷锁上沉重的铁链。
双规可不是请你赴宴喝酒哇，
坐牢更不是你住过的星级宾馆。

现在，党中央正在从严治党，
那么多的"老虎""苍蝇"已被打翻。
任何人都不要心存侥幸呐，
监督你的是党纪、国法、民众、苍天！

我们要筑起反腐的堤坝，
与清风和鲜花朝夕相伴。
所有权力都要在阳光下运行，
廉政才能创建幸福的家园。

国家电网将实现"一强三优"，
不容许腐败分子存在和出现。
让滚滚电流传递我们廉洁的心灵，
让巍巍铁塔见证我们崇高的尊严！

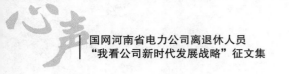
我们电业工人

国网平顶山供电公司　邢金有

两千年的腊月天，事故出在北顶山。

风雪交加冰地冻，处理事故任务艰。

领导动员把令发，为了用户攀险崖。

镐刨铁铲前开路，汽车挂上防滑链。

车未及处用肩扛，立行怕摔弓腰爬。

上杆一定保安全，整装队伍快出发。

耳鼻疼痛如刀割，浑身上下全木麻。

衣湿如同冰怀抱，嘴巴上下直打牙。

优质服务为用户，再苦再累也不怕。

坚持到底是胜利，相互鼓励干劲大。

天黑之前保灯亮，完成任务心畅荡。

工区烧好姜辣茶，喝得浑身暖洋洋。

担当起时代重任向前行

国网河南博爱县供电公司　毕延生

站在历史的制高点，
党的十九大应势胜利召开，
她向全世界发出庄严宣告，
中国进入了新时代。

新时代的巨轮，
战激流、闯险滩，
沿着改革开放的既定目标，
劈波斩浪滚滚向前，
强国复兴开辟新天地，
誓将沧海变桑田。

翻开历史岁月回头看，
解放初期的故园，
满目疮痍、一穷二白，
一个泱泱大国，
年国民总产值没超过100亿美元，
落后挨打的"东亚病夫"，
怎能挺立在世界之林面前。

霹雳一声震天响，

小平南巡音犹存，

改革开放谱新篇，

在人类历史的长河中，

只是弹指一瞬间，

神州大地旧貌变新颜。

小岗破冰，深圳兴涛，

浦东逐浪，海南弄潮，

神舟奔月，北斗导航，

蛟龙入海，天眼探穹，

航母下水，驶向蓝海，

大国重器，竞相展现，

九万里风鹏正举，

四十载惊涛拍岸。

谁能相信，这历史的变迁，

中国人从站起来、富起来到强起来，

仅仅用了几十年，

告别了票证时代，越过了温饱阶段，

迎来了全面小康，

打破了西方经济垄断的神话，

中国雄踞世界经济实体第二稳操胜券。

它覆盖了十三亿人的社会保障，

为世界经济做出了30％的巨大贡献，

创造了世界发展史的奇迹，

书写了人类民生福祉的不朽诗篇，

走出了中国特色社会主义的新时代，

从而让这颗璀璨的东方明珠，

永远屹立在世界民族之林之巅。

东方巨龙的腾飞，

挺立的是中国人民顶风冒雨的钢铁脊梁，

浸透的是中国人民风雨兼程的艰辛汗水，

凝聚的是中国人民对现实美好生活的追求。

风雨多经人不老，

关山初度路犹长，

不忘初心记使命，

改革开放的脚步永远在路上。

对于高速行进的中国巨龙，

对于无限接近伟大梦想的当代中国，

实现中华民族的伟大复兴新征程已经开启，

前进中的道路任重而道远。

我们还必须面对新时代种种挑战，

尽管前进路上还有这样和那样的风险，

好在坚冰已经打破，

道路已经开通，方向已经指明，

我们必须把握好新时代的历史机遇，

志之所趋不可阻，

穷山距海不能限，

以永远在路上的执着，

握紧手中桨，

扬起顶风帆，

励精图治、克难攻坚，

以只争朝夕的拼搏精神，

坚定理想信念，

唯有迎难而上，

向荆棘高峰勇攀。

逢山开路，遇水搭桥，

把握生命中的每一分钟，

全力以赴我们心中的梦，

铁肩扛起时代的重任，

去创造属于自己也属于新时代的光辉明天，

去书写新时代的中国奇迹，

只有经风雨，才能见彩虹，

只有实干兴邦，才能当好一个无愧于新时代的真正英雄。

时代在召唤，

使命在呼唤，

让我们每一个中国人都振奋行动起来，

是党员——要不忘初心，牢记使命，当好时代的先锋；

是工人——要练好技能，不辱使命，做大国工匠重振雄风；

是农民——要扎根沃土，不负重任，用艰辛汗水重整河山；

是商人——要实业兴邦，不忘道义，用诚信兴业做人；

是军人——要练好本领，不忘报国，做新时代的真心英雄。

工农商学兵，齐心协力行，

在改革开放和新时代的大潮中，各显神通，

无论什么样的风雨，

都无法阻止中国人民奔向美好生活的铿锵脚步。

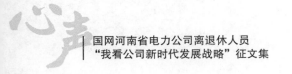

电 能 改 天 换 地

国网平顶山供电公司　邢金有

为了实现中国梦，电网建设走在前。

要想脱贫奔小康，供电尖兵必领先。

手握银线攀高峰，线杆立进大山中。

马达共鸣机器动，灯火闪烁道路通。

屈卧山沟几千年，不知山外还有天。

改革劲风拨云雾，人心地貌大改观。

乘风唱大歌　豪情写春秋

国网漯河供电公司　杨贵州

经济发展，

电力先行。

岁月映辉沙澧岸，

满眼美景著巨变。

三十年漯电发展的历程，

三十年漯电的峥嵘岁月，

铸成了史诗般流光溢彩的画卷。

三十年，铿锵豪迈，征程漫漫。

三十年，电力先行，高歌向前。

三十年，漯河发展，繁荣乐康。

三十年，电力成就，前景灿烂。

经济腾飞，

电力先行。

政治责任，

历史使命，

能源保障，

服务"三农"。

巍巍铁塔是他们有力的臂膀，

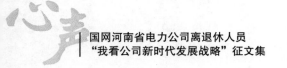

热情服务是他们永恒的笑容，

条条银线是他们牵挂的心肠，

追求卓越是他们翱翔的海洋。

多少个日日夜夜，

多少个春夏秋冬。

为了漯河经济发展，

为了万家灯火常明。

他们把工作当作乐趣，

他们以热忱表达心声，

他们用勤劳铸造辉煌，

他们把美好润化心灵。

今天的漯电，

是豫中南大地一颗璀璨的明珠，

记录着漯电人为之努力奋斗的成功。

"长风破浪会有时，直挂云帆济沧海"。

漯电人将不忘初心，

立足新时代，

凝聚新使命，

践行新思想，

迈向新征程。

为了一个共同的梦，

长风破浪唱大歌，

直挂云帆立新功。

一 生 电 网 情

国网河南郸城县供电公司　李长军

我曾是一名电工，

曾在熹微的晨光中奔赴，

架设电杆、电线或是电缆的热情中。

蔚蓝的天空，鼎沸的尘世之中，

我在践行着电力的蓝图。

我曾是一名电工，

曾在漫天的繁星里赶往，

输送光明、温暖或是清凉的职责中。

漆黑的深夜，无边的寂静之中，

我在守护着浮生的光明。

我曾是一名电工，

曾踏着泥泞的道路走进农户，

曾顶着肆虐的狂风巡视线路，

曾趟着过膝的积水恢复险情，

曾淋着滂沱的大雨处理故障。

那一基基挺拔的电杆，曾触碰我掌心的纹路，

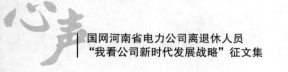

那一条条锃亮的银线，曾映照我微眯的眼眸。

铁塔、横担、瓷瓶、导线……

这些伴随我度过半生的专业名词，

如今常常跳动在我脑中，

亲切如多年的老友陪伴在左右。

如今，我退出了电力工作岗位，

颐养天年，病弱的身躯，

不再被骄阳晒蜕黧黑的肌肤，

不再被积雪冻伤蹒跚的脚步，

不再走村串户服务客户，

不再没日没夜不眠不休。

可是，当我抖落一身疲惫，

心中却有万千的惆怅与牵挂。

一遍遍回想，

一次次渴望，

一天天告别，

一回回转身，

"此去经年，应是良辰美景虚设！"

漆黑夜空中，有我深情的注视。

注视着城市的霓虹灯，

在光艳中交舞着变幻；

注视着乡村的四季忙碌，

在电的助力中兴旺发达。

我骄傲我曾是国家电网人，
我自豪，我曾为输送光明奉献力量。
无论岁月如何变迁，
无论时光如何流逝，
我内心牢记的永远是电网情深！

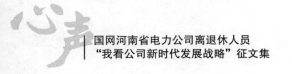

电力建设新跨越

国网平顶山供电公司　王克林

220千伏变电站，70年代最高限。

500千伏变电站，80年代最高限。

特高压直流供电，90年代科技显。

光伏电和风力电，节能环保省资源。

绿水青山是金山，子孙受益千万年。

殷 殷 线 路 工

国网河南林州市供电公司　杨军强

（一）

写给你，老辣、忠诚，一位线路工。

常常只会街道遇见你，没有固定时辰。

没有假日，只有熬红眼睛，只有线路。

长长的工作思虑，长长的工具绳，

长长的铝合金梯和不歇的电动车身。

你在奔波，电话联络，亦情亦理。

一条街巷，一个企业，一座昆仑。

都放之不下啊！在村镇、原野留下身影。

在天空翱翔，飘忽彩虹，你是展翅雄鹰。

（二）

写给你，岁月悠悠，资深的线路工。

老线路，打坑时有你，爬过龙凤山顶。

带水壶，备干粮，还是废寝忘食，

东姚线路，沧桑海太线路，电站分水岭，

你都从容不迫，分拣排险，坐车或步行，

攀树、越墙、用梯登临，清障飞空。

你是挂在杆头的响铃不时响起，

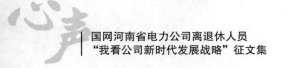

传递材料、工具，紧固每一份真情。

独立操持，凝神摆正，精细摇测。

摸爬，滚打，出线、母线群中缀风景。

（三）

写给英雄，风尘仆仆的线路工。

一身崭新工装，镜前贴切又合身。

加戴安全帽，肩挎工具包。

讲标准，追一流，化事故为零。

彰显铁脚板，粗腰杆，强壮身，

踏坎坷，走泥丸，逾山崖，穿森林，

忘却父辈情长，儿女心肠，兄弟交往。

看一山一城一企一心，一线牵，

夕阳西下，线路联络，百万轰鸣。

线 路 工 人 之 歌

国网濮阳供电公司　崔利敏

（一）

锦绣河山美如画，

杆塔入云迎彩霞。

我当电力工人多荣耀，

翻山越岭走泥洼，

夏天虫咬顶烈日，

艰难困苦战胜它。

寒冬消缺斗风沙，

迎着朝阳送晚霞。

苦不怕，累不怕，

风雪雷电任随它，

守护光明为万家，

哪里有隐患就坚决消灭它。

银线闪光映华夏，

纵横交错光耀撒。

我为经济腾飞来保驾，

和谐形象传佳话，

奉献绿色光和热，

坚强电网心中挂。

披荆斩棘向前进，

四季巡视走天涯。

暑不怕，寒不怕，

企业跨越责任大，

一强三优跨骏马，

超越自我创新发展开新花。

（二）

我们是线路人，

肩负着电网平安运行的使命，

扛起责任的泰山，

撑起光明的天空，

我们有鹰一样的眼睛，去搜寻每一处隐患险情，

我们有钢铁般的意志，不畏酷暑严冬、孤独前行，

为了万家灯火、厂矿的轰鸣，

飞越群山峻岭，踏着泥泞披荆斩棘守护光明，

我们牢记一强三优的使命，

构建和谐稳定，保障电网健康成长。

啊，啊……

企业跨越式发展，是我们最大的心愿，

电网平稳运行，就是最美的鲜花和最热烈的掌声。

我们是线路人，

为经济的发展传递着能量，

采撷第一缕霞光，

送走最后一抹夕阳，

我们有海一样的胸怀，容纳群众不解的眼光，

我们有泰山的肩膀，筑起道道安全屏障，

为了夏日的清凉、冬日的暖阳，

我们风餐露宿、不畏风大雪紧、烈日骄阳，

企业文化使我们激情飞扬，

铁军精神，鏖战抢险战场为线路平安保障。

啊，啊……

为了电网坚强，我们用汗水谱写银线美的乐章，

安全天数稳步增长，就是送给我们最高的褒奖。

农村处处不离电

国网河南内黄县供电公司　吴魁生

改革开放四十年，农村用电大改观。

经济发展作先行，农民处处都用电。

村办企业要发展，电力保证能生产。

农田要想来增产，用电灌溉最方便。

家里买来新家电，生活娱乐都用电。

婚丧嫁娶大小事，用电快捷又安全。

再 聚 首

国网三门峡供电公司　杭生财

故地会故友，心潮似浪翻。

二十一年，弹指一挥间。

忆往昔，军营生涯。

风华正茂时，

威武洒脱，壮志凌云，

更有战友情深，亲如兄弟般。

二十一年间，魂牵梦绕。

任凭岁月如刀，光阴似箭，

以往时光，终生难忘怀。

更喜兄弟情缘，深长而厚远。

再聚首，乐中透着甜。

看故地，翻天覆地变了颜。

会故友，畅所欲言忆当年。

看如今，社会发展、时代变迁。

幸福生活享无限，

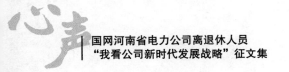

抚今追昔，感慨万千。

但愿人长久，千里共祝愿。

珍重身体！新时代美好未来共期盼。

与老槐树的诉说

——记洛阳电力建设发展六十周年

国网洛阳供电公司　黄文胜

记得，六十年前，

你和我一样年轻。

在那个鲜花盛开的季节，

一群小伙来到你身旁扎寨安营，

从此你不再害怕黑暗和孤独，

他们为这片土地带来了光明。

转眼，弹指一挥六十载，

你我从小到大，

从相识到同行。

历经风雨笑看彩虹，

说起，洛阳电网的建设发展，

你可是最有力的见证。

当初，从第一条郑洛三线路开始，

到今天拥有两条500千伏支撑，

大小变电站全城星罗棋布，

高低压输配线路交织纵横，

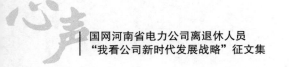

这一代代电网人矗立的丰碑，
你我同时目睹了岁月燃烧的激情。

都说，背靠大树好乘凉，
恰遇改革开放又春风，
电网发展日新月异，
企业不断超越振兴，
靠实力支援国家建设，
用爱心服务万家百姓。

如今，河洛大地一派生机勃勃，
古城夜色璀璨美丽，宛若仙境。
洛阳制造相继走出国门，
牡丹的香味四海闻名，
世界已经爱上了洛阳，
你说我是多么的自豪，多么的高兴。

我说你呀，不是棵树是同志，
还是朝夕相伴的弟兄。
我们曾一起守护过这里的神经中枢，
一起为抗冰、抗震的勇士们壮行，
一起为北京奥运保驾护航，
一起分享荣获"全国文明单位"的喜庆。

时代，让历史翻开了新的一页，

我们应该再有一个新的约定。
你老当益壮要多发新枝，
我永葆青春继续再立新功，
我们要和这座城市永远相伴，
迎着朝阳，踏上新的征程。

你我相濡以沫，扎根沃土。
六十年初心不变枝叶茂盛，
因为我俩都有一个共同的目标，
只为能撑起一片绿荫倍感光荣。
愿我们携手春天，再出发，
用奋斗去实现更绚丽的中国梦。

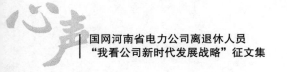

等 我 们 老 了

国网郑州供电公司　刘美菊

等我们老了，昨夜的花也坠了，回忆是那一缕残香。

等我们老了，风中的烛台熄了，未来是黑暗的余光。

等我们老了，水中的红叶远了，忘却是最美的馈赏。

等我们老了，那年的新雪落了，微笑是融化的感伤。

唤 民 心

国网信阳供电公司　王元朝

艳阳天空遍地黄，阵阵秋风送花香。

放眼眺望田野上，农民兄弟丰收忙。

主席发出新号召，反腐倡廉出重拳。

打虎拍蝇果连连，党员干部树新风。

群众利益放心中，强国富民新章程。

唤醒民众奔征程，定能实现中国梦。

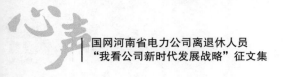
胸怀坦荡十二"不"

国网郑州供电公司　金仕成

不责他人小过，不揭他人隐私。

不忘他人恩德，不念他人凶恶。

不羡他人富足，不嫌他人贫愚。

不附他人权势，不窃他人功绩。

不幸他人灾祸，不乘他人之危。

不搞窃功盗名，不为愧疚之事。

同心传递正能量

河南送变电建设有限公司　李春玲　樊喜舒

老人需要正能量，笑对苍颜俏夕阳。

善解身边繁杂事，老有所为勇担当。

家庭需要正能量，和谐温馨幸福港。

彼此关爱多包容，父慈子孝暖洋洋。

邻里需要正能量，和睦友爱互体谅。

你助我来我帮你，共营美好和吉祥。

企业需要正能量，改革创新勇担当。

人人努力争上游，奉献社会铸辉煌。

民族需要正能量，诚信善德品高尚。

众志成城向前走，振兴中华挺脊梁。

社会需要正能量，文明秩序大家创。

爱护公共一草木，小康生活共分享。

国家需要正能量，四个全面指方向。

团结一致跟党走，五位一体奔小康。

同心释放正能量，国家利益放心上。

多为社会添光彩，祖国明天更富强。

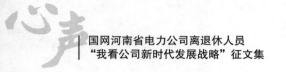

无　题

国网郑州供电公司　刘美菊

夜雨吹花落天南，可怜风华欲忘言。

一脉春香冬雪尽，沉舟侧过几回还。

少看青春难世事，老来曲径到蓬山。

千山暮雪自独往，一水阑苍一叶船。

种 子

国网河南汤阴县供电公司　王武江

两只多舌的小鸟，

讨论着枯枝上的一点新绿。

叽叽喳喳，

撕破了泥土里的沉寂。

摸一摸四周，

全是铁壁，

幻想着黑暗以外的景象。

旁边睡了很久的大树，

伸了伸脚。

一滴好事的水，

挤进躁动的躯体。

春风拂去了最后一丝阻力，

突然，

一只温暖的手，

把希望，

扯向另一个世界。

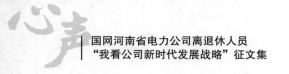

忆 昔 偶 成

国网郑州供电公司　秦合义

少年志趣满天涯，

绿水青山是我家。

万事挂眼皆成趣，

千山云烟夕阳斜。

建设电站信江畔，

铸剑扎营灵山下。

廿五春秋终不悔，

造出神器卫中华。

绿 竹 之 歌

国网三门峡供电公司　王保军

远望，你的绿已满了我的眼。

走近，心中顿觉一片寂然。

轻轻地，小心触摸、盈握你的肢体。

那纤柔光滑的感觉，

恍惚中竟然觉不出，

那竟是你。

远离了尘世的喧嚣，

你，寂寥无言，孑然而立。

即使石头、瓦块压制了你，

你，也总能破土而出，

笑看风月，直指苍穹，盎然不屈。

谁说你腹内空空无内容，

谁说你纤细柔弱不堪风雨。

你的高洁谁能比，

你的坚韧谁能敌。

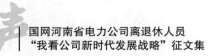

风，吹不倒你，

雨，使你更加蓬勃、新润、翠绿。

你的周围，永远有越来越多的新竹长出，

阳光、彩云、日月、星辰，

见证你蓬勃顽强的生命奇迹。

宁可食无肉，不可居无竹。

你的美，无可替代，难以比拟。

你是谦谦君子高雅气节的象征，

你是芸芸众生不可或缺的精神希冀。

竹啊，

你的美，

岂是三言两语可以道尽？

退 休 情

国网平顶山供电公司　李中常

退休不退步，常温长征路。

学习众先烈，党性更牢固。

退休不退志，善待身边事。

好事多宣传，陋习要抵制。

退休不退坡，不当颓废者。

老当且益壮，积极献余热。

退休享安乐，吟唱正气歌。

心平气和顺，延年益寿多。

游 感 十 首

国网郑州供电公司　曹建忠

游 黄 帝 陵

拨乱反正定中州，中华一统芳名留。

额首擎香告人祖，纵观环宇世人殊。

游新郑黄帝故里

郑韩古城拜轩辕，文明著世五千年。

浩瀚史书添光彩，中华处处谱新篇。

古 田 感 怀

古田今日换容颜，额首宁神忆当年。

星火燎原造大世，扭乾转坤谱新篇。

李 家 峡 水 电 厂

黄河水碧如玉簪，高峡平湖蛟藏潭。

玉龙一跃三千里，无限光明洒人间。

原 子 城

雨霏到访原子城，当年坎坷动心屏。

若无先辈洒热血，社稷何能保安宁。

上井冈山有感

缅怀先烈登井冈，苍松翠竹红旗扬。

若无志士抛头颅，哪得吾辈莺燕翔。

观黄洋界

黄洋一炮定乾坤，星火燎原日月新。

青松之下埋忠骨，翠竹林中祭英魂。

参观三湾纪念馆

秋收起义卷残云，工农革命奏新琴。

三湾指明治军路，猎猎红旗舞缤纷。

参观南昌八一纪念馆

八一南昌竖军旗，八十春秋风雨急。

千万精英洒热血，万里江山万代基。

参观银川月亮湾变电站

银线汇集月亮湾，川流不息送电源。

秀美塞外璀璨珠，丽洒宁夏广袤原。

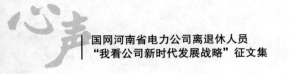

秋 怀 月

国网三门峡供电公司　阎军玲

中秋的月，挂在天边。

寂静如水，静默无言。

天的这边，有我，

天的那边，有你。

我们，都有着同一轮，

圆圆的月。

水中，也有一轮，

圆圆的月。

只是，水波一动，

倏忽间，她就成了碎片。

于是，后来，

每次见到月的影儿投在水中，

我便再不忍去撩动那水，

而使她绝美的仙容残缺不全。

嫦娥仙子，你一定是寂寞的，对么？

你千年如一日孤独一身，

多少个漫漫长夜惆怅难眠，

你的心中，是否还牵绊着那个叫后羿的情郎？

你翩翩舞动的长袖，

难道不是对人世间痴缠的眷恋？

历经千年的风霜雨雪，

看过多少红尘儿女的离合悲欢。

无论斗转星移，无论沧桑变幻，

你千年不变，一笑了然，

却在不经意间，眼泪早已穿越。

你那永远不老的容颜，

化作千般懊悔万种相思——滴落尘埃！

今夜，我多想伫立水边，

与你安然相伴。

感受你清辉的抚慰，

听你诉说心中的幽怨。

就让我深情凝望的眼，

穿透那缥缈的空间吧，

因为，我至今不曾亲睹你的芳颜。

而你，

终归是无法圆满的梦，

那地老天荒的传说，

不过是一份遥遥无期的等待。

今夜，我想向嫦娥发出邀请，

离开月宫，重返人间。

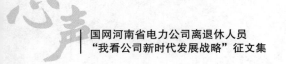
这里有烟火，

这里很温暖。

来这里脚踏实地，

来这里寻回真爱，

来这里历经似水流年，

来这里——重续那刻骨铭心的前缘。

致 二 哥 二 嫂

国网郑州供电公司　　刘美菊

老来重晚情，雁飞已经年。

常有贤嫂伴，处处皆家园。

清风抚白云，赤脚走沙滩。

读书壮胸怀，友聚谈兴酣。

晨观南海潮，暮闻涛声眠。

耄耋返童乐，超越李谪仙。

接舆并五柳，敢比五兄肩？

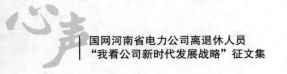
仙 人 桥 前

国网三门峡供电公司　张晓凛

黄海一湾水，水上现桥仙；

桥下人熙攘，桥上云清淡。

浩浩大海面，茫茫不见边；

海风拂人面，海浪吻沙滩。

闲坐礁石上，逍遥似神仙；

观潮起与落，看人聚与散；

世间纷扰事，心净情淡然。

卜算子·中秋节

国网郑州供电公司　袁万良

明月即满圆，秋风催人还。

村头门前翘首迎，喜得亲人返。

明月正满圆，灯火如星灿。

楼厅农院亲情浓，饼果味美鲜。

明月已盈亏，不忍离家园。

父母爱妻频相嘱，勤作愿平安。

明月始去来，把酒谢苍天。

天南海北总守望，月满企梦圆。

实现中国梦　老人有"十乐"

国网河南太康县供电公司　马永立

第一乐是忘年乐，忘掉年龄心宽阔。

不记往常坎坷路，常与他人交朋友。

多想以前美好事，描绘后人长知识。

第二乐是天伦乐，生儿育女为祖国。

国家强盛家庭富，个人才能得幸福。

培育孩儿都工作，他们都有安乐窝。

儿孙都来看老人，老人心里乐呵呵。

第三乐是锻炼乐，锻炼身体强如铁。

早晨起来多活动，精神饱满多欢乐。

太极拳、健身操，有益功法也不孬。

坚持常年好锻炼，胜过打针和吃药。

第四乐是助人乐，多做好事讲和睦。

邻居亲朋处理好，有了困难多帮助。

多积德来常行善，延年益寿保平安。

有人敬我有一尺，我要敬人还一丈。

第五乐是宽容乐，与人为善好处多。

同志一块有磕碰，平心静心来解决。

退一步来天地宽，消灾免祸少事端。

进一步来危害大，惹出事来都害怕。

第六乐是忍让乐，忍让他人不是错。

有争执、莫太急，平下心来做分析。

当面不要激怒火，避免小事成是非。

古人教训有道理，大人坦荡小人戚。

第七乐是平静乐，心平气和要沉着。

人生的路漫又长，你有胸怀无法量。

年老体衰不能干，让给儿孙他们办。

情绪稳定心清净，身体健康有保证。

第八乐是知足乐，知足之人乐呵呵。

常将有时思无时，莫到无时思有时。

艰苦朴素不能忘，做给儿孙当榜样。

教育他们不忘本，党的指示要跟紧。

第九乐是读书乐，读书之人知识多。

站得高，看得远，曲直好坏能分辨。

读书看报听新闻，国家大事吸引人。

越看心里越高兴，我和国家共命运。

第十乐是团结乐，团结好处无法说。

人群都有左中右，区别先进和落后。

学先进来帮落后，中间态度多相助。

团结起来有力量，人民幸福万年长。

长 寿 歌

国网郑州供电公司　金仕成

人生苦寿短，孜孜求永年，

秦皇觅妙药，汉武炼灵丹。

盘古开天地，谁见活神仙，

有生必有死，规律属自然。

免死没有方，长寿可实现，

要讲长寿道，先学辨证观。

客观环境大，人在自然间，

灾害与疾病，是谁都难免。

身处环境中，自身是关键，

有疾早治疗，预防放在前。

治标又治本，共施紧相兼，

食疗与药疗，互补功效显。

运动与静养，两者不可偏，

生理和心理，都要重保健。

气质要豁达，情绪要乐观，

性格要豪放，心态要稳健。

脾气防激怒，能忍自身安，

遇到难心事，胸怀要放宽。

奢侈恶嗜好，坚决要改变，

生活要规律，习惯要正端。

长寿先修德，除尽私杂念，

常怀克己心，处世善为先。

精神找寄托，忧郁抛九天，

经常挥笔墨，诗歌作消遣。

老也借光阴，等于把寿延，

善用能高手，逾百不稀罕。

循此养生道，康寿乐延年。

心声

征文

我看新时代电力发展新战略

国网信阳供电公司　郑永清

　　近期，以习近平新时代中国特色社会主义思想和党的十九大精神为指导，国网公司提出了"一六八"新时代电力发展新战略。作为一名老电业职工，我深刻体会到在改革开放的四十年间，电网企业从弱到强，从小到大，取得了翻天覆地的变化，实现了历史性的大跨越。

　　改革开放四十年来，我国的电网规模不断壮大，变电容量、线路长度不断增长，电网输送能力持续提升，供电能力和可靠性越来越高，目前供电服务人口居世界首位，为我国国民经济发展提供了坚实的保障。随着经济的发展，不同的阶段有不同的思路，国网公司审时度势，提出了"一六八"新时代电力发展新战略。电源结构日趋多元化，形成了水火互济、风光核气生并举的格局，综合实力位居世界前列。

　　要建设具有卓越竞争力的世界一流能源互联网企业，就要实现公司的政治责任、经济责任和社会责任的统一。这是公司和每一个企业职工一切工作的出发点和落脚点。改革开放四十年来，国网公司服务国计民生取得了有目共睹的成绩。电网企业不仅支撑了我国工业的高速发展，满足城市消费，还大力服务于农村经济和农民生活，通过开展多轮城乡配电网建设改造，加大电力扶贫力度，目前已全面解决贫困偏远地区的用电问题。改革开放以来，电网企业的发展成果惠及全社会，人民群众的满意度显著提高。

　　作为电力企业的退休职工，我们虽然身体退了，但我们的思想却不能退，每一个退休人员都要时时处处关注新时代电力发展的新战略。要始终牢记公司的"八个着力"战略思想：着力推进电网高质量发展，着力推进公司高质量发展，着力推进清洁能源发展，着力坚持以客户为中心，着力服务"一带一路"建设，着力深化供给侧结构性改革，着力推动科技创新，着力加强党的全面领导。这"八个着力"给我们日常工作提供了全方位指导，为我们的工作指明了方向。作为退休职工，应为企业发展的新战略尽自己的责任，尽自己的力量展示正能量，发挥每一个老同志的余热。

作为退休老职工，我们支持新时代电力发展新战略不是唱高调，而应当从点滴做起。比如在日常生活中遇到用户对电力法规不懂或存在误解的，我们应当耐心地给予解释、宣传；有些客户对预交电费和更新电能计费表不理解的，我们就应该耐心地给予说明；遇到基层领导有些地方工作不到位的，就引导大家多一点理解和谅解，因为"人非圣贤"，对个别的不到位，应该等待领导改过来……同时，我们还应向这方面的典型人物学习，他们都是发挥正能量的榜样。他们不论在工作岗位上还是退休后，都十分重视发挥正能量，走到哪，就把正能量转播到哪，确实起到了榜样作用、聚合作用、舆论导向作用和塑造形象的作用。在他们身上，体现了"人民电业为人民"的企业宗旨，我提倡每一个离退休员工都应向他们学习。

如果国网公司每个员工都坚持精益卓越，把推动本质提升贯彻落实到工作中的每一步，踏踏实实把自己的岗位工作做到尽善尽美，那么，我们建设具有卓越竞争力的世界一流互联网企业的目标一定能加快实现。

德 立 本 固

——我看公司新时代发展战略

河南送变电建设有限公司　李玉梅

当前，人类文明快速发展，我国经济日益繁荣，生活物质日趋丰富，社会也在多方位、多角度地全面考量社会诚信、社会公德，因此加强道德建设、树立道德风尚尤为重要。现阶段我国社会的主要矛盾是人民日益增长的美好生活需要和不平衡不充分的发展之间的矛盾。在以习近平新时代中国特色社会主义思想指引下，承担实现社会主义现代化和中华民族伟大复兴艰巨任务的今天，国网公司提出了新时代发展战略，建设具有卓越竞争力的世界一流能源互联网企业的新篇章倏然翻开，国家电网的发展征途，开启了一个全新境界。在向着这一宏伟目标奋进的同时，公司道德建设不能放松，德立才能本固。

国无德不兴，人无德不立。道德虽然不是法律，没有硬性规定具体哪些事情可做、哪些事情不可做，但诚实守信、崇德向善是一个具有优秀道德品质之人的行为准则。具有良好的道德的人，不一定会有惊天动地的作为，但不会被现实生活中的歪风邪气侵蚀而成为人们最不屑、最厌恶之人；有了良好的道德，无论身处哪行哪业，都不会偷工减料，掺毒造假，急功近利，坑蒙拐骗，绝不会允许自己对类似长春长生生物公司疫苗造假等无良恶劣行径视而不见；有了良好的道德，即使再大的利益诱惑你去做损人利己之事，你都会保持操守和底线，绝不失去人性，你会疾恶如仇，不会沆瀣一气、随波逐流；有了良好的道德，你虽不一定会成为风口浪尖、力挽狂澜的栋梁之才，却不论身在何职何位，不论在职退休，都能保持高尚的道德品质、良好的职业操守，再平凡的位置，都会去追求那人生不平凡的熠熠闪光的辉煌。

2018年年初，国网公司第三届职工代表大会第三次会议暨2018年工作会议召开。会议明确新时代公司的战略目标是：建设具有卓越竞争力的世界一流能源互联网企业，提出了新时代"一六八"发展新战略。迈向一流，蓝图绘就，为实现这一宏伟目标，企业职业道德建设是其中不可或缺的重要环节。因为加强职业道德建设不仅是社会主义市场经济发展的客观要求，更是企业生存、发展的内在要求。对于企业，职业道德是道德建设的重要组成部分，是社会道德在职业活动中的具体表现，是一种更为具体化、职业化、个性化的社会道德，它渗透于社会生活的各个层面，并与不同的社会关系及社会行为相融合，从而发挥独特的调节人与人之间、个人与社会之间的相互关系的作用，进而使每个人能在各自的岗位上正气在身、责任担当、爱岗敬业、无私奉献。

近日中宣部号召：向点亮万家的蓝领工匠、时代楷模——张黎明同志学习，激励我们汲取榜样力量，做一个"明大德、守公德、严私德，其才方能用得其所"之人，为国网公司新时代发展战略而做出自己应有的贡献。张黎明同志立足岗位、兢兢业业、勤勉奉献、追求卓越，具有崇高的职业道德与职业操守。企业是员工生存和发展的依赖与平台，岗位是进步的基石。我们学习张黎明同志爱岗敬业的精神，树立自身职业道德规范，提高职业道德修养，爱企爱岗敬业，立足岗位成才，把无私奉献的思想融入内心，做到敬业、创业、勤业、精业，为企业实现发展目标起到自己应有的作用。

人才兴企、人才强企，企业发展的核心是人才，而人才需要有各方面过硬的技能水平做支撑。我们学习张黎明同志三十多年扎根电力抢修一线、

干一行、爱一行、钻一行、精一行的精神，提升自己的工作技能与操作水平，不断充实自我、超越自我、战胜自我、完善自我，才能成为适应新形势、新任务要求的优秀员工，才能更好地为企业发展贡献自己的青春和智慧，在自己所处岗位上发光发热，做知识型、技能型、创新型的先进劳动者，成为产业工人中闪光的年华奉献者。

勿以恶小而为之，勿以善小而不为。我们学习张黎明同志善小常为、乐于助人的优秀品德。秉承简单的事情重复做，重复的事情用心做的为人准则，久久为功，进德修业，有所作为，才能不论何时何处、何岗何职都能成为岗位上的行家里手，适应社会和岗位发展的需要，在工作中发挥积极的作用，以努力工作为尺度，实现更高的人生价值。

只有当人品和学识相辅相成时，才会让一个人走得更高更远。我们学习张黎明同志用实际行动诠释"劳动最光荣、最崇高、最伟大、最美丽"，谱写了新时代的劳动者之歌。我们学习他不仅自己踏实肯干、勇于创新，还带动身边人，传递了向上的价值导向，以增强自身主人翁意识，对企业有高度的责任感、荣誉感和自豪感；与企业的价值观念有高度的一致性，形成强烈的归属感和集体感，使我们的企业有极强的凝聚力和战斗力。只有全体员工全身心地投入到工作中去，人人以饱满的工作热情和激情，为企业贡献出自己的力量，宏伟蓝图才能圆满实现。

作为电力行业的一名退休职工，我深深地意识到，修身立德依然重要。退休并不意味着意志的衰退、道德的降低、学习的滞后、奋斗的中止。思想观念仍然要与时俱进，要及时了解党的路线、方针、政策和企业工作发展现状，适时建言献策，配合企业工作；仍然要不放弃自我发展的意识，发展自己的道德水准，做一个为社会所欢迎的人；发展自己的学识和能力，做一个服务于社会的人；发展自己的政治敏锐性，坚定政治立场，使自己在大是大非问题面前，能够保持清醒的头脑；发展自己的意志品质，做一

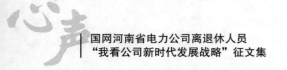

个贡献于社会的人，在构建社会主义和谐社会中始终做到传递正能量。人生可以平凡，但不可以平庸；人生不一定伟大，但一定要崇高。世间技巧无穷，唯有德者可以其力；世间变幻莫测，唯有人品可立一生！

党 在 我 心 中

——和母亲说说心里话

国网周口供电公司　王素梅

我今年 77 岁。记得青年时代最喜欢唱的歌是"唱支山歌给党听，我把党来比母亲"，这朴实无华的语言，道出了我们这代人对党的朴素情感。值此建党 97 周年，我对母亲说说心里话。

我的母亲，我的党，您走过了 97 年坎坷而光辉的历程，始终代表着中国先进生产力的发展要求，代表着中国先进文化的前进方向，更代表着中国最广大人民的根本利益！97 年的艰苦奋斗，97 年的光辉历程，您以浩然正气凝结民族智慧，带领中华民族昂首屹立于世界民族之林。尤其是党的十九大以来，习近平新时代中国特色社会主义思想开辟了中国特色社会主义的新境界，开辟了治国理政的新境界，开辟了管党治党的新境界。97 岁的母亲，您焕发了青春，更燃起了我们这些老党员的豪迈与激情，伟大的母亲光荣的党，祖国踏上新征程！

我是 1942 年出生。新中国成立前，我幼小的心灵里就感受到了社会的不平等，富人的孩子能上学，我却上不起学；我感受到了男女的不平等，男孩子可以在外高兴地玩耍，而我却在家缠足，疼痛难忍、夜不能寐。这是什么世道！新中国成立了，是中国共产党让我走出家门，为我搬来进步的阶梯，走向了读书之路。15 岁，我从一名少先队员被吸收为共青团员；34 岁，我成长为一名光荣的共产党员。参加工作几十年来，我深深地感受到了组织的温暖。我当过教师、中级法院审判员，担任过行政领导，后又进入企业管理层工作，是高级经济师。退休后，我加入河南省书法协会，成为书法协会会员。我老伴儿是哈军工毕业生，从军20载，后转业到地方，子女3人。老伴儿、儿子儿媳、女儿女婿均是共产党员。"共产党员"的称号，就是一种激励、一种自律，使得孩子们在工作中取得优异成绩，也使得全家人和谐和美。2017年，我家被评为周口市"十佳家庭""文明家庭"，我本人被评为"优秀母亲"，这些，都是党教育培养的结果。党的教育与引领，使得我们一家人不仅是血缘亲人，更是信仰的同盟，真正的志同道合、共同进步！是党教育引导了每个人的成长，是党带给了我们幸福的生活。

我所在的国网周口供电公司，在国网河南省电力公司党委领导下，历届公司领导带领全体职工攻难克坚，砥砺奋进，有了翻天覆地的变化。以前，周口地处偏僻，工业落后，供电量甚微，周口供电公司又是"上划"最晚的一个地市供电公司，办公条件较差：严冬时靠一个油灯取暖；酷夏时靠一台吊扇降温。现在，职工办公和居住条件都大为改善，调通大楼整洁明亮，中央空调冬暖夏凉；家属区宽敞整洁，职工人人有住房；职工待遇大幅提升，全局干部职工安居乐业，公司稳定团结、规范有序。现在，公司安全生产局面平稳，电网发展成效显著；经营质效稳健提升，服务能力持续增强；"三个建设"亦全面加强，全局上下风清气正，各项工作不断取得新进展、新突破！我们的工作成效得到省公司和市委、市政府的充分肯定，荣获2018年河南省"五一"劳动奖状，被市委、市政府授予"服务周口科学发展"先进单位，公司在追赶发展征程上迈出了坚实脚步，跨上了新台阶！公司领导关心职工生活，我们职工食堂获得省电力公司A级"健康食堂"称号；关爱困难职工，双节送温暖；开展职工疗养和帮扶济困活动，关心老干部的生活。最近，省公司给我们派来了年富力强、高瞻远瞩的新一届领导，公司上下憋着一股劲儿想把工作干好，作为一名在电网工作多年的老职工，我由衷地感到高兴和欣慰！

　　我感恩母亲，感恩党！是党的教育培养让我有了坚定的信念，昂扬的精神状态；是党领导下的欣欣向荣，唤醒了我对美好生活的向往与追求。作为一个 77 岁的老人，我懂网络、会 QQ，时常玩微信，出门滴滴打车。司机师傅说我是他最年长的网约车乘客。我虽年事已高，但我会在有生之年，不忘初心，牢记使命。时刻牢记自己是一名共产党员，永葆革命青春。

　　暮年建功业，余热化金辉。党，永远在我心中！

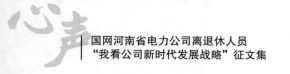

站位新时代　书写新华章

——忆郑州电力高等专科学校成立85周年

郑州电力高等专科学校　王有国

郑州电力高等专科学校已经走过了 85 个年头。今年我们来纪念这所老校 85 周年生日,就是要让大家知道,今天的郑州电力高等专科学校来之不易。我们要牢记历史,珍惜现在,继续传统,开创未来。列宁曾说过,忘记过去就意味着背叛。现在党和政府又号召大家:不忘初心,牢记使命。为此,我想与大家一起回顾一下郑州电力高等专科学校的发展历史。

在"教育救国"精神指引下诞生

1933 年,一批有识之士响应孙中山先生改庙堂为学堂的号召,以郑县塔湾城隍庙为校址,成立了郑县工业职业学校,开创了河南职业学校之先河。

1938 年,这所刚刚成立 5 年的学校,为了避开日本侵略者带来的战乱,搬迁至南阳内乡县城隍庙。在此地几经日军轰炸,先后就地迁移 3 次,至 1945 年,学校在内乡共维持了 7 年。1945 年日军投降前夕发动了豫南、鄂北战役,学校被迫于3月迁至陕西眉县槐芽镇。1945 年 8 月,日军无条件投降,在举国欢庆之时,方文龙校长带领全校师生回郑州重聚。从此结束了学校 8 年颠沛流离的生活,重归故里。

1946 年夏,学校更名为河南省立郑县高级工业职业学校,这就是在社会上享誉盛名的郑州高工。当时,国民党元老于右任亲自为学校题写了校牌。

解放战争时期,学校部分师生参加了地下党组织,曾带领学生于 1947

年参加了席卷全国的反迫害、反饥饿、反内战的学生大游行。1948年郑州解放前夕，国民党教育局逼迫学校南迁。郑州高工又一次离开郑州，经徐州、南京最后到江西宜春。到春夏之交，老师和学生识破了国民党的骗局，便陆续返回郑州，至1948年10月22日，迎来了郑州的解放。

由以上经历，我们不难知道学校艰难的创业历程。我们也不禁要问，在如此危难之中，学校为什么还能生存和发展？答案只有一个，那就是在国家和民族的危难之际，强烈的爱国主义精神把大家凝聚在了一起，艰难的环境激起了广大师生为国家和民族而教而学的意志，并形成了勤勉、求实、奋进的教风和学风。就这样，这所学校在新中国成立前为国家培养了一大批人才。据统计，毕业学生新中国成立后为厅局级干部、学校教授和高级工程师者达300多人。

新中国成立初期的飞速发展

随着郑州的解放，市政府派王云亭担任学校校长。根据当时人才和工业发展的需求，学校增设了制革和电机专业，学校规模也进一步扩大，使得郑州高工在中南地区成为被广泛关注的学校。1949年11月10日，郑州市长宋致和陪同南洋华侨领袖人物陈嘉庚先生参观学校并发表讲话，勉励全体同学努力学习，开创中国工业的新局面。

1953年，国家实行第一个五年建设计划，当时由苏联援建的郑州火电厂于1952年12月动工。那时，电力建设人才奇缺，又赶上全国大中专学校院系调整。1953年3月9日，河南高校委员会和燃料工业部决定以郑州高工为基地将湖南工业学校、武昌工业学校、广州工业学校、柳州工业学校、广西西湾平桂矿务局工业学校这五省六校的电机科合并，成立"郑州电气工业学校"。同年5月更名为"郑州电力工业学校"（即"郑州电校"），郑州高工的其他专业被调到其他高校。当时并校工作在1953年4月1日结束，于是将 4 月 1 日定为校庆日。1954 年 8 月 21 日，燃料工业部电业管理总局任命郭景涛同志为校长。此时学校迎来了大发展，将郑州文庙土地并入郑州电校，占地面积扩大为 390 多亩（1 亩 ≈ 666.67 平方米），同时大兴土木，使学校基本建设上了一个新台阶，师资力量也得了空前的充实和提高。在教学中，特别重视学用结合，与现场联系紧密，让学生毕业前亲自到工程现场锤炼，形成了艰苦朴素、吃苦耐劳、踏实肯干、勤奋好学、知识扎实、动手能力强的学校校风。到 1957 年，已有 5 届毕业生，共计 2054 人，大多分配在祖国的中南、华北、东北、西南等地区的电力生产单位。毕业生在这些单位都能做到招之即来，来之能战，战之能胜，成为各单位建设的生力军。学校也自此被社会誉为中国中等专业学校的"小清华"。当时中央新闻纪录电影制片厂到校录制"劳卫制"纪录片（当时国家在全国各个学校推行体育劳动卫国制，简称"劳卫制"）并在全国放映。1956 年，电力工业部又在郑州电力学校召开第一届"全国电力中等专业学校运动会"。郑州电校在这次运动会上取得了总分第一名的好成绩，同时还接待了我国第一代乒乓球运动员邱钟惠到校表演。一时间，郑州电校在社会上声名显赫。

1958 年，根据当时国家建设的形势，人才需求迫切，所以河南省首先将郑州电校、洛阳农机学校、焦作矿业学校作为第一批升格为本科的院校，郑州电校升格为郑州电力学院，并于当年招生。一批在校青年教师也送到全国各名校进修提高，当时学校的输配电教研组荣获全国教育战线先进集体称号，出席了 1960 年全国教育战线英模大会。

1961 年国家处于暂时经济困难时期，学校被迫放长假。1962 年 8 月，因河南处于特困地区，地处郑州的郑州电力学院降格为郑州电力学校，由电力部重新管理学校。

死而重生后的大发展

1966 年受"文革"影响，学校停止招生。1969 年 2 月，水电部将学校下放河南省管理。同年 11 月，郑州电力学校与河南一大批同类学校被撤销，并被强行搬到原生活区，办起了高压电器厂。1975 年又将郑州高压电器厂改为郑州轴承厂。

1976 年 10 月，粉碎"四人帮"后，郑州电力学校又迎来了复生的希望。1978 年 9 月 8 日，河南省革委会批准郑州电力学校等十所中等专业学校于当年招生。郑州电校计划招收 400 人，实际只招了 200 人，并因故推迟到了 1979 年 9 月 13 日才开学。学校恢复之后，又进入到一个发展时期。1991 年，学校在河南省教委对中专学校的办学条件评估中获得佳绩。1992 年 12 月，又通过省教委的办学水平评估。1993 年被授予"河南省重点中等专业学校"称号，成为全省中等专业学校的"四大金刚"之一。

1993 年，学校迎来发展机遇。国家教委高校设置评审委员会在长沙以投票方式对申办学校进行评审，最终一致通过郑州电力学校升格为郑州电力高等专科学校。1994 年 9 月 6 日，举行了郑州电力高等专科学校挂牌成立大会。从此，学校进入到高等学校的行列。经过全校师生的共同努力，学校于 1998 年被教育部批准为全国示范性高工专重点建设学校，当时全国被批准的此类学校只有 28 所。

1998 年年初，全国迎来了高校发展的新高潮。各高校占地面积扩大，不少院校合并，各省重点院校争评 211 名校。经过学校广大师生员工的努力，郑州电力高等专科于 2013 年 9 月搬到了现在的新校址，学校占地面积扩大了几倍，美丽的校园让人陶醉，新的教学设施更加完善，在校生规模也比原来有了很大的扩展，教学改革逐渐深化。总之，学校在向好的方向稳步前行，使人感到欣慰。

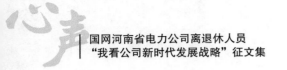

由以上学校发展的历史不难看出，在85年的成长历程中，有艰辛，有欣喜，有挫折，有收获。老话说，自然界没有风风雨雨，就不会有春华秋实。没有风雨，何来彩虹。这些哲理名言，是人类的宝贵积累，应该成为我们战胜困难的宝贵财富和精神动力。使命光荣，责任重大。

目前学校也还有很大的提高空间，也还存在不少前进道路上的困难，应该坚信：只要思想不滑坡，办法总比困难多，定会将挫折变成学校成长的加速器；同时也坚信，在全校师生员工的共同努力下，郑州电力高等专科学校一定会发展得更加美好！

最后，我想以一位退休老教师的身份，用自己一生感悟的小诗作为结束语。

风雨人生路，何惧雪满头。

花开春风暖，叶落应无忧。

苦涩存寒夏，甘甜在金秋。

树老根弥壮，春泥亦护花。

结缘电力40年

国网三门峡供电公司　赵　铭

40年，对人类历史的长河来说，可谓短暂的一瞬。但是，我所经历这40年，是共和国改革开放的40年，是脱贫致富奔小康的40年，是我献身电力事业的40年。

我叫赵铭，出生于1957年。1975年8月下乡，1978年到三门峡供电局工作，当时三门峡供电局是由洛阳供电局三门峡供电所刚刚升格为供电局。也许是机缘巧合，我的名字就决定了我要与"电"结缘，赵铭谐音是"照明"，天生就意味着我要到电力部门工作，从此我真的与"电"结下了不解之缘。

当一名电工是我儿时的梦想，这一天终于实现了。上班的第一天，局里就派了一辆"东风"牌卡车拉着我们到坝头变电站参观。我们异常兴奋，在车厢里大声地唱着歌，虽然公路两边壮美的山川、河流使我们目不暇接，但最能打动我的还是那巍峨的铁塔，它就像一条巨龙，用它那坚强、有力的臂膀高举着条条银线，把光明和幸福送向千家万户，而我们电力工人不正是这舞龙的人吗！

经过半个多月的培训，我被分配到调度所供电值班，负责停送电、更换高低压保险。工作虽然看似简单，但却关系到千家万户的日常生活和工农业生产，当保险出现故障时，晚处理一分钟，就会给用户带来一分钟的不便。

那时候停送电都是人工操作，必须严格按操作规程操作，稍有不慎就可能酿成大祸。1980 年夏天的一天，狂风大作，有些树枝搭在线路上，电线被砸断，造成大面积停电。接到调度命令，我们立即出发，配合配电班进行紧急抢修。一个小时后，接到报告说处理完毕，可以送电。谁知在一个比较隐蔽的地方还有一根树枝搭在线上，就在送电的一刹那，"轰"的一声发生弧光短路，跌落式保险被粘在了一起，合不上拉不下，电弧在头顶噼啪作响。当时我在电杆上操作，我的安全带系在横担上，一惊，脚蹬也掉了，人吊在半空。火花像雨点一样落下，有的砸在安全帽上，有的掉在工作服上。当时脑子一片空白，心想，这下完了。直到保险接触点的金属被电弧全部烧光，这才断电。细想一下，那一天幸亏我穿着工作服、戴着安全帽，不然后果不堪设想……

1981 年，省局要对全省青年员工择优录取进行培训，这是个千载难逢的好机会。我暗下决心，一定要抓住这次学习机会。果然"功夫不负有心人"，我如愿以偿地考入了南阳电力技校。在学校里，尽管我的基础不怎么好，但我丝毫没有气馁和退缩，我深知勤能补拙。就这样，我畅游在知识的海洋里，如鱼得水、如饥似渴地埋头钻研，圆满完成了学业。

1983 年，从南阳电力技校毕业回来后，我主动请缨到最艰苦的地方去，当领导听取了我的意见后，决定安排我到线路工区大修班工作。于是，我又成为了一名线路人。在线路工区工作的那段日子对我的一生产生了深远的影响，我不仅学到了很多书本上学不到的东西，更重要的是我学到了线路工人身上的优秀品质：他们常年在野外作业，奔波在崇山峻岭之中，冬战三九、夏战三伏，吃苦耐劳，兢兢业业。这些精神都无形中给了我人生的启迪，激励着我在任何艰难困苦的环境下都要面对现实，以积极、顽强的心态去体悟工作和生活，同时也为我的写作提供了丰富的素材，在那段日子里，我发表了不少歌颂线路工人的诗歌和散文，还获得了河南电力报的好新闻奖。

1985 年，经过辛勤的努力，我又荣幸地考上了电大汉语言文学专业，进行半脱产学习。由于不想耽误工作，我白天上班，晚上学习。那时候孩子才一岁，为了不影响他们休息，我经常钻到卫生间看书，有时外出施工，就将书本带上，利用休息时间学习。三年后，我顺利完成了学业，用无数个不眠之夜换来了丰硕的果实。

1987 年，我到总务科任房管员。我抱着一颗感恩的心努力工作，第二年就光荣地加入了中国共产党。

1995 年年底，我因工作需要来到多种经营企业，担任三宁铝型材厂（合资企业）办公室主任，在这里一干就是十年，和这里的同事们共同打拼，生产的铝型材一度成为省免检产品。

2007 年，富达集团公司总部为了加强新闻宣传，又把我调到公司总经理工作部主抓宣传，我很快建立起了富达集团的通讯报道队伍，当年就向媒体投稿 100 多篇。

在富达的日子里，我伴随着富达一起经历了 20 年的风风雨雨。对富达的感情可想而知。是富达给了我充分展示才能的机会和发展空间，使我的个人爱好得到了充分发挥，品尝到了工作给我带来的欢乐。

随着年龄增长，转眼我也到了退休年龄，在拿到退休证之际，我心潮起伏，难以平静，多少往事如过眼烟云历历在目。

回顾我们三门峡电网建设的一天天发展壮大：由最初一条银线从洛阳引入三门峡，到三门峡电网成为国家西电东送的重要枢纽；电压等级由当初最高 35 千伏，到目前拥有 500 千伏；35 千伏及以上变电站由 1975 年的 8 座，发展到目前的 40 余座，而且电网变得越来越坚强。

回忆结缘电力 40 年，我首先感谢党组织对我的培养，参加工作后，曾多次参加培训，增长了很多文化知识，把我从一个什么都不懂的"毛孩子"培养成为一名优秀党员，成为国网公司忠诚的一员，并为之付出孜孜以求

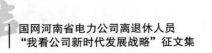

的 40 年奉献。

回忆结缘电力 40 年，我经历了共和国改革开放以来 40 年的发展巨变，让我深深体会到电力职工那种"追求卓越，敢于超越"的精神风范。

如今，虽然我已退休，但我身退心不退。我会继续关注企业发展，在有生之年，只要企业需要我，我仍会全力以赴，为企业再上新台阶出力流汗、发挥余热。结缘电力事业，是我今生无悔的选择！

电力园丁四十年回眸

国网河南电力技能培训中心　刘华强

　　人才是推动生产力发展的主动力，电力园丁就是要为国家培养和输送技术过硬、政治合格的电力技能科技人才。本人有幸成为国网河南省电力公司技能培训中心南阳校区78级首届毕业生，并留校从事教学工作近四十年。

　　四十年光阴似箭，当年满腔热血投身电力职业教育事业，如今已经完成了自己的工作使命，走进退休职工的行列，作为在电力职业教育培训岗位工作将近四十年的园丁，我在教育培训岗位上见证了国网河南省电力公司技能培训中心南阳校区建设、发展、改革、进步与转型的征程。

　　1978年，我国开启改革开放的伟大历程。国网河南省电力公司技能培训中心南阳校区成立于1978年8月。建校初期一穷二白：缺乏专业老师，没有教学实验实习设备，只有48间红瓦平房作为办公室、教室、医务室、教师宿舍和200名学生的寝室（三班24名男生住在两间大寝室里拥挤不堪），各方面条件非常艰苦。但是南阳校区是伴随着改革开放的春风诞生的，省市公司各级领导高瞻远瞩地支持南阳校区发展，要为河南电力事业的大发展再建一个"黄埔"。南阳校区领导、教职员工和学生齐心协力、同心同德、同甘共苦、共同奋斗，硬是在各方面办学条件都不具备的环境下举行了开学典礼，让当年如饥似渴、立志为电力事业奋斗的一代学子，走进了知识的殿堂。在简陋的教室里，老师们认真教学，学生们认真学习，晚自习时各个班级教室灯光一直亮到晚上11点多，教室里坐满了渴望学习现代电力专业知识的同学们，校区领导晚上10点多亲自到教室督促学习的同学们回

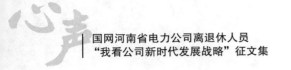

寝室休息，但是赶都赶不走啊！知识的力量像磁石一样吸引了这些老龄的同学们。

当年，经历了特殊历史时期的同学们所掌握的基础文化知识相对薄弱，早已过了最佳的求知年龄段。刚入学那段时日，同学们惜时如金，经过努力学习和补习，同学们在基础理论课考试中都取得了好成绩。由于刚刚办学，没有专业老师，兄弟学校的专业老师因教学工作重、路途遥远、交通不便，不能支援南阳校区专业教学工作，怎么办？南阳市供电公司接到南阳校区的求援后，迅速从生产一线抽调精干力量充实教学队伍，救场如救火，缓解了专业教学的燃眉之急。没有实习实验设备，在南阳市供电公司和平顶山市供电公司及南阳电厂的大力支持下，安排学生到各电压等级变电站、高压输电线路和电厂进行有计划的专业实习，安排部分学生到平顶山姚孟电厂参观学习、到200多公里外深山老林中的栾川庙子变电站参加运行实习、到南水北调源头渠首陶岔35千伏变电站进行建站安装实习……同学们在毕业实习中得到了锻炼，学到了专业实践知识，增长了专业能力，圆满完成了毕业实习报告。首届同学毕业后分配到省电力公司部分市供电公司、火电二公司及南阳校区，都在新的工作岗位上取得了优异的成绩，受到用人单位的好评。

南阳校区建校四十年来，在省公司的正确领导和大力支持下，认真贯彻党的教育方针，坚持德智体全面发展，以教学为中心，加强党建和"双文明"建设，加强领导班子和教师队伍建设，努力完善办学条件，创造良好的育人环境，教学质量和办学条件不断提高，1994年被省委省政府评为省级文明单位，1995被国家劳动部评为国家级重点技工学校。

改革开放四十年来，南阳校区抓住电网快速发展的历史机遇，推进职业教育培训体制改革，加快培训转换和结构调整，培训思路更加活跃，培训形式更趋多元，以教学培训为中心加强精神文明建设和行政后勤管理工

作，充分调动广大教职员工的积极性，培养了一批优秀的学科带头人，建立了一支适应电网建设发展需要的较高水平的师资队伍，办学基础设施逐步完善，教学设备不断更新换代，办学条件基本达到国家一流电力技能培训基地的标准。

四十年来，尤其是党的十八大以来，南阳校区坚持深化改革，积极应对电网快速发展等一系列重大变革挑战，努力适应电网发展新常态，与电网关系日益密切，教育培训形势越来越好，为省公司做大做强和持续发展做出了重要贡献。

南阳校区积极适应省公司新时代发展的要求，通过学历教育、青工培训、委托培训、退伍军人培训、在岗职工培训和职业技能鉴定培训等多种培训形式为河南和湖北两省的电力事业培养了近万名电力技能人才，其中绝大多数已经成为电网建设生产骨干，更可喜的是还有两位毕业生成为享受国务院特殊津贴专家。他们在国网公司举办的各相关专业大赛中多次取得冠军等优异成绩，为省公司争得了崇高荣誉。还有一部分毕业生走上了领导岗位。

国家在发展，在不断改革中前行。南阳校区把服务国网公司发展作为南阳校区重大政治责任，不忘初心，继续前行，与电网同步，一代又一代电力园丁仍在本职岗位上为电网建设和发展培养优秀的专业技能人才，推动公司高质量发展。作为南阳校区曾经的学子和园丁，为母校祝福！为未来的学弟学妹们祝福！相信始终弘扬奋斗精神，在砥砺中成长的南阳校区一定会在新时代中再创新辉煌！

我所经历的滑县电力体制改革

国网河南滑县供电公司　郭国照

1963 年，我刚考上河南省重点高中——滑县一中，就因家中兄弟姐妹众多，仅靠父亲微薄工资维持不了生活而被迫走上了半工半读的道路。我父亲当时是筹建电厂的一名干部，我就在道口电厂（滑县电厂前身）当了一名杂工，边工作边上学，次年以优异成绩转为正式职工。从此我便和滑县电力结下了不解之缘，在滑县电力战线拼搏了 45 个春秋，见证了滑县电力事业从无到有，从小到大，从弱到强的发展过程，特别是改革开放前后发生的巨大变化。

记忆中的滑县办电初级阶段

滑县电力事业的初级阶段是 20 世纪 50 年代末，当时没有电厂和电网，由滑县柴油机厂一个动力车间的一台 120 千瓦发电机组供给车间电力，并向社会提供少量照明用电。1958 年，国家将新乡火电厂一台 1000 千瓦发电机组调配给滑县，从此滑县真正地有了自己的电厂，县城结束了无电历史。记得当年县城古街杉木电杆上的弯灯（当时的路灯）同时亮起的时刻，整个县城都沸腾了起来，我们这些从没见过电灯的孩子们像过年一样高兴得手舞足蹈，彻夜不眠。

20 世纪 60 年代初期，省电业局调配给滑县一台 1500 千瓦发电机组，供电范围得到了扩大。城关、留固、上官等几个乡政府所在地和部分村庄用上了电灯。小钢磨代替了使用了上千年的石磨，抽水机代替了牛拉水车，最早展示了电力这一绿色能源的方便、快捷和环保。

在发展滑县部分乡镇用电的同时，还利用一条 6 千伏的高压线路向浚县县城供电，使浚县城关也结束了无电历史。

这个时期，我已在电厂的供电车间（当时的管电机构）工作了七八个年头。当时的供电基础设施很差，基本没有合格线路，电杆全是木质的，导线多为小型号的铝线、钢绞线，甚至是 8 号铁丝，所以倒杆、断线引起的停电经常发生。当时的电压等级以 6 千伏和 3 千伏为主。供电半径稍长，电压就保证不了，所以供电质量和可靠性都很差，我们经常徒步或骑车下乡巡线处理故障。

这种状况一直维持到 1970 年左右，为响应国家号召，滑县政府成立了专门负责这项工作的农电办公室。通过努力在淇县的高村桥建了一座开关站，然后途径浚县、淇县的部分乡镇架了一条 110 千伏高压线路和滑县建成的第一座 110 千伏留固变电站连接，虽然线路质量不高，但毕竟还是送上了电。记得留固变电站送电时我们还举行了在当时算是比较隆重的庆祝仪式，大家都为能够用上经济可靠的电网电而欢欣鼓舞。从此滑县完全依靠地方小电厂供电的历史结束，经济可靠的电网电源进入滑县。供电范围得到明显扩大，大多数乡镇都用上了电并派驻了驻乡电工，供电公司的雏形已经形成。

不过当时是"文革"时期，一切都是政治挂帅，阶级斗争为纲，为了"大干快上"，放松了对建设工程的质量要求，单股线、单线变压器和大马拉小车等不合格、不安全、不科学的电力设施也一哄而上，给后来的工作埋下了很大的隐患。

一直到 1979 年电管所改为电业局，县里才算有了专门管电的职能部门，在电力服务站时期我被调入县电力调度室，成为我县第一任电力调度员，一间办公室和一部手摇电话机就是我们的全部家当。

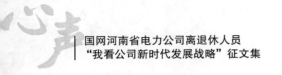

亟待改革的滑县电业管理局面

随着国家对电力行业政策的调整，以电养电的政策被取消，我们管理上的漏洞逐渐显露出来，社会上一些乡村企业本来窃电都很严重，实行承包责任制以后，其窃电行为更加猖獗。我们的售电收入大幅度减少，经济状况出现了严重危机。

由于经营状况很差，局里除了勉强维持职工工资外，没有多余的钱来发展生产，供电设施长期得不到维护，安全局面每况愈下，平均每年都有几起人身触电死亡事故发生，倒杆、断线、麦场因电失火现象更是屡见不鲜，偌大一个滑县年供电量仅有几千万千瓦时，线损率高达 30% 以上。

在当时的形式下，我们面临着收不抵支、无法维持运营的危机，不得不探索着进行改革：参照外地的经验，根据各供电所的现状，以线损率为基本考核指标，把职工的工资承包到了各供电所。当时我是城区供电所的副所长兼会计，我们所辖的几条线路平均线损率在 25% 左右，局里下达的承包指标为 20%，我们根据各线路的实际情况进行了分解，明确了责任人，经过初步的努力，大多数管理人员都完成了任务，不仅保住了工资，还得了少量的奖金，但是仍有个别同志没有引起足够的重视，吃惯了大锅饭，认为不会动真格的，结果被罚了工资。这一小小的改革就初步见到了成效，执行第一个月，线损率就下降到 12% 左右，给国家挽回损失电量 16 万千瓦时。平时满足于每月四五十元工资的职工们第一次领到了平均近 100 元的奖金，尝到了改革的甜头。这激发了大家的工作热情，大家渴望着更加深入的改革。

改革春风吹进滑县电力

1984 的夏天，电力改革的强劲东风终于以势不可挡之势吹进了滑县电业局，滑县电业局从一个企政合一的政府职能部门改制为纯企业性质的电业管理公司。上级选派了几名业务能力强、管理经验丰富的干部组成了公司领导班子。新班子经过半年的深入调查研究之后，在公司上下开始了大刀阔斧的改革：原来推行的经济技术指标考核进一步量化，并拓宽到生产经营和安全的各个方面。职工的干劲儿也很足，决心撸起袖子大干一把。经过大家辛勤的努力，几个月后就把线损指标降低到 5% 以下，增加了大家的收入，同志们对改革开放更加充满信心。

在新领导班子带领下，我作为基层供电所的领导，先后到几家全国县级供电单位进行考察学习，亲眼目睹了这些改革早的兄弟单位发展是如何的迅速，看到了之间的巨大差距。从思想观念上认识到企业不改革就没有前途，必将会被历史的大潮吞没。参观回来后，我们参观团的全体成员情绪都很振奋，在各自部门进行宣讲，进一步提高了大家对改革迫切性的认识。

公司参观后的第一个大动作就是优化人员组合，实行竞争上岗，在我们城区供电所的竞争上岗会议上，我以满腔的热情和坚定的信心，参与了所长的竞争，那年我 37 岁，又有专业技术和 20 多年的工作经验，最后成功竞选上所长的位置。

接手供电所所长之后，我连续几夜都没有睡好觉，思考着所里改革如何进行。经过认真分析，我决定实行"帅挑将将挑兵"的办法，从人员优化组合入手，分四步走来完成所里的体制改革。力求彻底打破"技术高低一个样，干多干少一个样，干好干坏一个样"的计划经济时代的分配模式，把工作贡献、经济收入和晋职晋级各方面都挂起钩来。

接下来是解决严重的用户窃电问题，由于长期以来的"铁饭碗"心态，不少职工对用户的窃电现象都熟视无睹，甚至用国家的大利益换取自己的小利益。我和几个技术骨干商量以后，决定一方面在用户中进行广泛的"电是商品，窃电违法，用电交费"宣传；另一方面不断采取先进的技术措施，堵塞了技术上的漏洞。随着改革步伐的进展，我们取得了不少成绩，在供电区内由落后单位一跃而成为先进单位。

　　但由于我们对上游的管理加强，农村电工的收入空间缩小，一些电工为保证自己收入，对农民乱加码、乱收费、乱摊派的"三乱"现象非常突出，农村电价要高于城镇居民用电电价的两三倍，广大农民怨声载道，国务院决定对农村用电进行大的体制改革。这次大改革中我们又是走在前面，对全镇 10 个村的用电管理进行了改革，以技术考核和民意测验为重要依据，从优选聘了各村电工，电工的工资由他们自行从电费差中的盈利获得变成供电站根据考核结果统一发放。所有农村用电统一电价、统一抄表、统一收费、统一考核，统一发放工资，农村用电的"三乱"现象得到很好的遏制。

　　在此基础上，我们又动员各村筹集资金，对自己的用电设备和低压线路进行改造，从变压器台区到每个用户都按照国家标准进行了农村电网的标准化建设。1986 年，我们的用电管理划归安阳供电局管理以后进行了一次全区的考核验收，我们所取得全县第一名，成为供电区农电改革的一面旗帜。经过 5 年的改革，供电所供电量翻了一番，线损率从 15% 下降至 3% 左右。

　　经过几代滑县电力人的共同努力和不断进取，滑县公司已由一个年供电量不足 1 亿千瓦时的落后单位发展成为年供电量达 14.38 亿千瓦时的中一型国有供电企业。

　　现在回忆起来那些不分昼夜、奋力拼搏、紧张工作的日子和同志们在改革开放取得成果后的喜悦心情，我常常从梦中笑醒，心中充满了成就感，历史验证了中国的改革开放之路是一条光明之路，没有改革开放就没今天的滑县电力！

风风雨雨话调度

国网济源供电公司　张作宽

济源供电公司调度中心的前身是原济源供电所的调度班。改革开放四十年，调度中心发生了翻天覆地的变化，而调度中心的发展又经历了不同的前后二十年，前二十年是小步快跑，后二十年发展是日新月异。

1970年，随着济源110千伏变电站和后济110千伏线路的竣工投运，成立了济源县供电所。那时济源县只有一座电厂，装机1×1500千瓦。110千伏变电站和线路的投运在当时可是全河南省第一个县级自筹资金自建的110千伏工程，济源人好不自豪，我们有大电了！什么大电？110千伏变电站也只有可怜的1台1万千伏安主变和1条长50.25千米的110千伏线路。你绝不会相信，这个工程就是由几个技术员、一个线路三级工、几个电气三级工带领几十个合同工历时一年零三个月完成的。

随着供电能力的增加，用电客户也逐渐多起来，供电所就成立了一个调度班，隶属于所内的生产技术组管理（那时的供电所下设办公室、生产技术组和财供组）。调度班由7人组成，一个班长，6个值班员，每两人一班。人员素质是不分工种、技术高低，只要会接电话会停送电就行。调度室就设在110千伏变电站厕所旁的一间平房内，面积不足20平方米，全部家当是一部16门的电话总机、一张普通的三斗桌、一把靠椅、一把连椅和两根令克棒，交通工具初期就是个人的自行车，后来配了一辆"幸福牌"摩托车，算是"鸟枪换炮"了。初期的调度范围只有济源电厂的几条6千伏线路和110千伏变电站的几条10千伏线路。

那时系统负荷多则 1500 千瓦，少则几百千瓦。电厂满负荷也只有 1500 千瓦，由于煤的质量问题，一旦掉气压，只能供几百千瓦负荷，遇到停机检修，日子更难过。由于供需矛盾突出，那时的调度完全失去了调度的含义，不是为了安全和经济运行主动调度电网，而是被动行政和电网调度。系统增减负荷听变电站值班员的，电厂增减负荷听电厂值班室的，社会增减负荷听县里相关领导的，所以调度班就成了地地道道的"拉闸队"，什么电网安全运行、经济运行，当时的调度人员根本就没有这个概念，任务只有两个：一停电，二送电。

1978 年改革开放前，调度室迁到了原济源县电业局大院东侧的一间平房里，面积扩大到 32 平方米，三斗桌换成了弧形调度台，只是上边的仪表都未接线，是个摆设。电网信息全部是靠变电站和电厂值班员人员定时的报表来实现。通信设备由 16 门总机换成了 60 门，交通工具仍是两辆摩托车。业务范围有所增加，其中，110 千伏变电站主变容量为 2×10000 千伏安，济源电厂容量为 2×1500 千瓦，35 千伏线路 6 条，10 千伏和 6 千伏线路也有所增加。但调度手段仍然是原始、粗放的。

20 世纪 80 年代初期，供电所并入济源县电业局，调度室迁到了电业局综合办公楼，面积增加到 60 平方米，最大的变化是模拟板由三合板换成了可随时变更的塑料集成模块，方便了许多。和地调的联系实现了无线电通信，和各站、厂及各主要用户实现了直通电话，又增加了相对先进的对讲机通信，编制了第一部调度规程，调度管理相对细化了很多。但是由于电源发展滞后，电力供需矛盾日益突出，频繁拉闸限电的局面仍未改变，"跑电"已进入常态，调度室经常客满为患。其中有一个压板厂的厂长，把调度室变成了他的办公室，每天按时"上下班"，问他一厂之长为什么不去厂里上班，他回答倒很干脆："厂里机不转，工人没活干，坐着看设备，不如来要电！我的工作就是要电！"

当时工业用电紧张，农业更紧，用当时农村人的话说："前夜黑洞洞，送电在低峰，要想照上明，还靠煤油灯。"为解决农村用电难的问题，他们只好采用一种没办法的"办法"，就是自发电，即把 7 千瓦的电动机接线端部接上一组电容器，然后用一台 12 马力（1 马力约为 735 瓦）的柴油机作为动力，再经一个隔离开关直接把电送到村里的低压线上，但由于电压波动太大，照明灯一明一暗，电视机根本无法看，安全更无保障。有一次 110 千伏变电站一条 10 千伏线路停电检修，工作人员正在柱上油断路器上工作，突然来电，他系着安全带，动弹不得，下边的人眼看着断路器的接线柱对着工作人员的腿放电，竟束手无策。最终查得是一个村的电工正在自发电，忘记把系统电源的低压侧隔离开关断开，通过变压器将自发的电返送到正在检修的线路上，造成施工人员触电致残事故。

1996 年，济源市电业局上划为省电力公司直管，成立济源供电公司，从此调度室也迎来了千载难逢的发展机遇。

2001 年，调度搬进了崭新的 21 层调度大楼，条件达到了质的飞跃；人员增加到 36 人，全部大学以上学历。调度手段只是拉闸限电的年代已经成为记忆，基本实现了"四遥"。35 千伏及以上站点光纤全覆盖率 100%，调度数据网全覆盖，调度交换网全覆盖，数据通信网全覆盖，动环集中监视地调全覆盖。

经过改革开放四十年的发展，济源电网的供电能力已达到 170 万千瓦，是改革开放前的 58 倍；备用容量 55 万千瓦，最高用电负荷达 115 万千瓦，是改革开放前的 39 倍；2018 年的年供电量可达 72 亿千瓦时，是改革开放前的 50 倍。

现在，济源电力调度中心已经由一个"拉闸队"发展成为现代化的地调中心，正为济源新的腾飞继续做出更大的贡献。

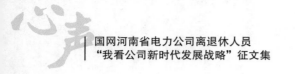
从"单线单变"到"多线多变"

国网濮阳供电公司　秦继淼

　　1984年3月,濮阳供电局(后称濮阳市电业局、濮阳供电公司)刚成立时,只有省电力局从安阳供电局划拨过来的一座220千伏变电站（系统命名"濮阳变电站"）,这是当时濮阳供电局仅有的电压等级最高的一座变电站,也是全局固定资产价值不菲的"家当"。

　　全供电区除能从安（阳）清（丰）110千伏输电线路送电力负荷到清丰孙庄110千伏变电站外,就主要靠从汤阴架设过来的汤（阴）濮（阳）220千伏输电线路向濮阳供电区供电了。那时,濮阳供电区的供电范围包括清丰、南乐、范县、台前、内黄、长垣和滑县等七县和濮阳郊区（原濮阳县）、中原油田。这么大供电范围就这么一座中心电源点,确实有点单薄,安全供电系数极低。当时最怕的就是这条220千伏输电线路出问题,更让我们提心吊胆的是怕那台偌大的变压器发生故障,因为那是一台孤单单的变压器,容量只有9万千伏安,成年累月不停地运转,不怕一万就怕万一呀！按省里当时分给的供电计划指标,这台主变的容量当下尚能承受得了,可最怕的是运行中有所不测。那时这台变压器带着中原油田全部用电负荷指标,而油田是国家大型企业,又是我们供电区的最大用电户和重点用电户,省里分给全供电区的计划电指标,中原油田一家就要"吃掉"70%左右。所以,对油田用电我们不敢疏忽,不能怠慢,是"保电"对象。况且,我们向油田是110千伏电压等级供电,几乎是无损耗户,因此,我们千方百计保证向油田不间断供电。至于其他受电单位,包括110千伏电压等级供电的濮阳郊区八公桥变电站、滑县道口和留固变电站、长垣北关变电站以及清丰孙庄变电站，主变容量叠加起来远超这台"母变"（指濮阳 220 千伏变电站的单台 9 万千伏安变压器）。然而，由于分配给各变电站的计划供电指标有限，多台 110 千伏主变都是轻载运行，有的主变连一半负荷也达不到；还有 35 千伏侧的市区胡村变电站，濮阳郊区的北关、胡状、渠村等变电站，除渠村变电站供渠村黄河分洪大闸用电需要保电外，其他用户多为农业用户，限负荷时间多，主变空载运行时间长，损耗多，白拿变压器"哼哼费"；下游变电设施足够用，而上游变电设施容量小，略有"卡脖子"情况，且负荷指标也少，所以，尽快给濮阳变电站扩建增容迫在眉睫。

关于给濮阳 220 千伏变电站增容一事，职工着急，领导重视，于是立即向省里汇报情况，争取国家投资。又借助濮阳市政府的力量，由市经委牵头共同到省经委和省电力局催办。批文下达后，立即组织人员进行设计，送省电力设计院会审，很快投入施工。濮阳站增容一台 9 万千伏安变压器后，又经省里批准兴建了岳村变电站以及由鹤壁架过来的鹤岳 220 千伏线路，并架起岳村到濮阳的联网线，至此，实现了两条输电线路向濮阳供电区送电，两座 220 千伏变电站同时运行，濮阳供电区的供电安全系数显著提高，供电能力相应增强。

随着国民经济的快速发展，工农业生产和人民生活水平的提高，加之濮阳市政府"以工兴市"战略的提出，中原大化、中原乙烯等大中型企业相继投产，各县引进工商企业陆续上马，工业生产用电成倍、十数倍增长，加之农业生产、居民生活用电增加，已有供电设施又趋于平衡，供求关系又出现矛盾，怎么办？"发展还是硬道理。"正在这时，国家将投入巨资对城乡电网进行改造，借此机会，我们不失时机地争取一些新建项目，在国家财政资金的大力支持下，在对旧有供电设施按国家标准改造完善的同时，相继又新建了振兴、澶都、顿丘、茂元、仲由、昆吾六座 220 千伏变电站，加上原有的濮阳、岳村两座 220 千伏变电站，共有 8 座 220 千伏变电站，安装主变 15 台，总容量 240 万千伏安，架设 220 千伏输电线路 21 条，总长度 480 多公里。

到濮阳供电局进入"而立"之年的今天，主体设备已由当年的"独生子"（即只有一名 220 千伏变压器），发展为现在的"兄弟"一大帮（已有 15 台 220 千伏变压器），并且布点均匀，建站跟着电力负荷中心走，减少了供电损耗。到"十二五"末期，辖区各县都有了 220 千伏变电站。全供电区 110 千伏变电站更是星罗棋布，已建成 28 座变电站，运行 45 台变压器，容量 160 万千伏安。与此同时，国网公司还在濮阳供电区建成 500 千伏变电站 1 座，500 千伏濮东变电站也正在筹建中。未来濮阳供电区供电安全可靠性会更高，供电能力会更加强。

今天，欣逢濮阳供电公司成立三十周年华诞，忆往昔，看今朝，濮阳电网已经由无到有，由小到大，由弱到强，成为镶嵌在豫东北大地上一颗璀璨的明珠！

那些年，我参与建设的电网

国网安阳供电公司　韩学德

我今年83岁，回想起1978年至1996年期间，我在当时的安阳供电局负责电力工程管理与设计工作。当时国家正开始实施改革开放政策，各个行业都迎来了翻天覆地的变化。作为建设的参与者，我见证了安阳供电区供电网络一步步实现由弱到强的过程。

1978年时，安阳西部地区是安阳地区重工业密集的区域，但除安阳化肥厂有条单线接入的110千伏变电站外，其他位于西部区域的各个厂矿企业均为35千伏或10千伏供电，供电骨架很薄弱。为提高这一区域的供电可靠性，经当时的省电力工业局批准，开始筹建110千伏相村变电站。而安阳市区供电网络很不合理，尚未形成环网或双回路供电，拉闸限电比较频繁。为解决这环网供电的问题，我们首先对市区南部的110千伏南郊变电站进行了改造，升级了主变容量，增加了5回10千伏出线。又将位于市区东北角的35千伏北郊变电站升压改造为110千伏变电站。这样，在安阳市区东部首先形成了"手拉手"供电，大大提高了该区域的供电可靠性。

在110千伏供电网络初步成形后，我们又开始建设220千伏供电网络。此前，安阳供电区原为邯峰安电力系统，其供电容量小，且并未与河南电力系统联络，以当时的安阳火电厂（现大唐安阳发电厂）为主要电力来源，仅有一回35千伏线路与邯郸电力系统联络，供电可靠性极差。为此，经省电业局批准，筹建了汤濮220千伏工程，主要为建设220千伏汤阴变电站、1条与新乡火电厂联络的220千伏线路、2条与安阳火电厂联络的220千伏线路。在 20 世纪 80 年代初期，220 千伏汤阴变电站建成投运后，成为安阳供电区的枢纽，将安阳电力系统与河南省电力系统牢牢地联络起来，安阳电力系统成为河南省电力系统的北站分支，也通过 220 千伏汤濮线路为濮阳市及胜利油田解决了供电电源问题。

有了 220 千伏供电系统的基本骨架，增加安阳西部的供电可靠性成为必然。随后。我们先后建设了 220 千伏杜家庵变电站、110 千伏刘家庄变电站和 110 千伏司空变电站，将 35 千伏东风变电站升压改造为 110 千伏变电站。这样，安阳西部 110 千伏供电环网形成。位于东西环网中间的安阳市也有了 110 千伏双回路供电网络，切实提高了市区的供电可靠性。同时，220 千伏杜家庵变电站、110 千伏司空变电站也为省大型骨干企业安钢集团公司的生产、生活用电提供了可靠保障。

1988 年，安阳西部第一座 220 千伏变电站茶棚变电站投运，使安阳西部电网由 110 千伏升级为 220 千伏供电网络。同年，位于安阳东部的 220 千伏崇义变电站建成，使安阳电网结构得到进一步完善，供电可靠性得到进一步提升。安钢集团公司自筹资金建设的 220 千伏范家庄变电站也在同年建成，提升了企业的供电可靠性。2005 年，安钢集团公司又自筹资金建设了第二座 220 千伏变电站，使其生产生活用电得到进一步保障。

当时，为解决联网的鹤壁矿区的用电需求，我还参与建设了 110 千伏源泉变电站和 110 千伏冷泉变电站，为鹤壁矿区的安全供电创造了条件。还对鹤壁二矿区的 110 千伏变电站进行了改造，新建了 6 千伏高压配电室，彻底解决了该矿区的生产生活用电和安全运行问题。

为解决林州市的供电可靠性问题，我还参与建设了林州市的 110 千伏南郊平房庄变电站和 110 千伏北郊曹家庄变电站的建设。并建设了林州第一座 220 千伏变电站，大大改善了林州电网结构。使其供电网络结构趋于合理，为林州市工农业迅速发展创造了条件。

　　回想直到 20 世纪 90 年代初期，虽然电力建设发展不断提速，每天几乎都要到各个变电站和线路建设的工地去，但当时的出行条件并不太好，不管天冷天热都要乘坐双排座的工具车，距离近些的工地要骑自行车到现场。面对这些困难我从来没有过怨言，每天想的就是怎样为创造优质工程做出自己的贡献，这也是我们这些老电力人的真情实感。

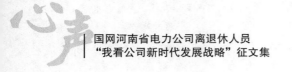
回忆老伴的水电情缘

国网三门峡供电公司　张晓凛

我的爱人杭生财，人们习惯称他"老杭"。几年前，老杭从他相守十年的水电岗位退职，目前已正式退休。十年间的奔波劳顿，虽说没有惊天动地的壮举，但他以自己平实、憨厚和对工作极端的责任感，见证了公司水电站的创建、发展和壮大。

记得那是2000年春节刚过，因工作需要，老杭被单位派往卢氏，参与刚刚开始筹建的小水电建设。早春二月，豫西大地乍暖还寒，老杭带着局领导的嘱托，背上铺盖卷，挤上公交车，第一次奔赴新的工作岗位——卢氏低里坪水电站工地，从此与工地民工同吃同住同劳动，开始了他长达十年之久的水电情缘。

在水电站的建设过程中，工程的艰巨和危险牵挂着所有参与者的心，这其中也包括我的爱人老杭。炸山、凿洞、修渠、筑坝、建厂房，整天是乱石漫山滚、人车穿山行，稍有疏忽，就会发生意想不到的事故。为此，老杭和其他管理人员整天坚守在施工现场，长年累月风吹日晒，老杭面部落下严重的日光性皮炎，俩脸蛋和脑门、鼻尖都是血红血红的，俨然舞台上的"小丑"一般，每当回家调休治疗两天，情况便会好转。可过了第三天，他就开始叨叨了，说什么山上工程怎么怎么重要啦、安全工作怎么怎么让他提心吊胆啦，我知道，他这是内心在纠结，急着走！怕我埋怨他不把家放在心上，只好多歇两天，可又丢不下他的水电工地。

记得有一次，老杭连续在工地工作半个月，从山上下来调休，前脚刚

踏进家门，手机铃声就急促响起，接通电话后得知工地上突然出现险情，指挥部值班经理和他商量处理方案。其实他电话里完全可以具体安排，没必要非到现场处理。可是一辈子对工作认真的老杭，放下电话就坐不住了，说什么也要返回山上，亲临工地察看实情。他说："这是人命关天的事，到不到现场不一样。"当时已经是傍晚了，在我再三劝说下，老杭休息了半宿，凌晨 3 点刚过，就爬起来开车直奔卢氏深山，清晨 7 点顺利到达新坪水电工地。这"二愣子"老杭，工地上的安全，他视为比泰山还重，可从不把自己的安危放在心上，为此，我常常是又气又疼地抱怨他："你黑灯瞎火跑山路，就不怕把自己翻到山沟里去了？"而他总是乐呵呵地说："我自己有把握。"

老杭对工作认真的劲头有时让人难以理解，可他自己总认为是太平常、应该的事。他常说，咱普通百姓干工作不为名利，但最起码不让别人在背后说咱偷懒耍滑、戳咱脊梁骨，还有，咱也得对得起咱每月的工资啊！

2006 年 11 月 9 日中午饭后，我突然接到婆婆打来电话，说我公公近两天精神不太好，给老杭打电话又打不通（山后边没有信号）。我电话里安排让我小叔子回老家接公公住院治疗，这边又急忙联系老杭，指挥部的固定电话接通后，值班人员告诉我，老杭在工地上，联系不上，只有等晚上收工才能回指挥部。晚上好不容易盼来老杭的电话，可他听我说父亲已经安排住院，就又一门心思考虑他的工作，说近些天工地忙，等忙完这阵子再回来。可他做梦也没想到，这一次因放不下手头工作，却让他留下了终身遗憾……第二天一大早，公公病情突然出现异常，家里人急忙联系让他赶快下山，接到电话，老杭也意识到事情的严重，飞快下山赶往灵宝医院，然而路途漫长，足足用了 4 个小时，最终还是晚了一步，此时他的父亲已经严重心梗，奄奄一息。面对迟来的儿子，父子相对，却无法说出一句话来。半小时以后，他的父亲永远地闭上了眼睛……老杭哭得死去活来，说欠父亲的太多太多，遗憾最后没和父亲说上一句话，但他从不后悔因倾力工作，而忽略了太多的亲情。

老杭是个特别豁达、乐观、知足的人。好多人都知道老杭每次上山下山时爱顺路捎载山民。因为他开的车年久老化，经常在途中出问题，他说拉上山民，一来做做好事；二来遇到车坏了，还有人帮着推车，两全其美嘛，说此话时是一脸的得意。每当别人劝说让他找领导换换车，他总是说："这比开始两年挤公共汽车强多了，能凑合就不要给领导找麻烦，再说了，股份制企业，能省就省。"

如今老杭退休了，可每每当他说起十多年来的水电经历时，从第一个低里坪电站筹建，到两岔河、高河电站的同时开工，从新坪、中里坪水库电站的艰巨施工和顺利发电，到"7·30"和"7·24"抗洪抢险现场，他都如数家宝。还有他难以忘怀的并肩战斗过的同事、工友，回忆间，无不流露出自豪和怀恋。我知道，在老杭的人生历程中，这十多年的水电情缘已深深地植入他生命深处，无怨无悔。

幸福的电力人

国网河南黄泛区供电公司　马克荣

那是 1959 年 9 月，我是河南省第一技校刚毕业的学生，来到黄泛区农场参加筹建发电厂的工作。当时黄泛区农场直属中央农垦部管理，对办好农场非常重视，派园林、机械、畜牧、农技等专业的大学生来农场参加建设。

建场初期，祖国百废待兴，投入农垦建设资金自然有限，农场的经济基础十分薄弱。到了开饭的时都是排着很长的队，打了饭就每人捧着一个碗站着或蹲在地上吃，饭多是红薯或南瓜，那时年轻，能吃上几大碗。由于当时土地是黄水过后的黄土飞沙地，遇到刮大风时喝汤，碗底都是很多的沙子。干一整天活后，晚上就躺在临时搭的大棚里的大草铺上睡上一觉。

当时有限的资金只能用在基础设施建设上，根本顾不到职工个人。在这样的条件下，农场广大干部职工也不知道苦和累，都是乐哈哈的。在当时的条件下，职工不讲吃、不讲住、不讲报酬，干工作看谁抢在前边，你追我赶，干劲真大，没谁叫苦叫累。大家不想别的，只想把农场办好，农场就是我们的家。

泛区电厂组建第一座 35 千伏变电站时，我光荣地当上了第一任变电站站长。由于历史的原因，变电站设备陈旧，供电可靠率低，接地跳闸较多。我暗暗下定决心，一定要在自己的工作中投入更多的热情，一定要为自己脚踏的这块土地，为自己的企业做点什么。我作为电力企业的一名普通的基层生产岗位人员，唯有不懈地努力，干好工作。

在普通岗位上昂扬奋发向上精神，在平凡工作中孕育光荣和伟大，用

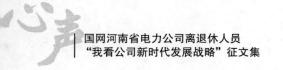

汗水和热情为区电网的发展增光添彩，这就是我们那代变电运行人员的朴实思想。非常幸运，我能站在这个队伍中间，和大家一道将自己的青春和热血融入到电力事业强劲的发展脉搏里，为区电力事业飞速发展做出自己的一份贡献。

我今年 80 岁了，和老伴儿领着退休工资，一家一户一个院，一日三餐不发愁，心情舒畅度晚年。感受到改革开放四十年来祖国的强大和社会进步，亲眼见证了农场干部职工在党的正确领导下，经过几十年、几代人的顽强奋斗，硬是把原来的飞沙荒地、芦苇坡地改造成了万亩良田，把农场建设得非常之好。随着电力改革的不断深入，黄泛区电力建设的明天将会越来越好！

以军魂为电力事业发挥余热

国网漯河供电公司　于泉水

我叫于泉水，中共党员，1987 年从部队转业后进入郾城电业局，成为一名普通的人事管理工作者。2016 年积极响应上级政策，服从组织安排，于当年底正式办理了退休手续。

我曾经是一名军人。1973 年，18 岁的我怀揣着保家卫国的一腔热血投身到火热的绿色军营，成为了一名解放军战士。军营是一个让人从生涩走向成熟、成才的"学校"，也是一个让人练就坚毅品质和过硬素质的"火炉"。十五年的军旅生涯，不仅练就了我良好的身体素质，而且让我养成了严谨细致的作风、克服困难的意志、团结友爱的品格。期间多次被部队嘉奖，曾荣立个人三等功 1 次、集体三等功 6 次，各种荣誉和表扬达 30 次之多。

作为军转干部，我于 1987 年年底脱下戎装回到了家乡，被分配到郾城县电力公司工作。刚到单位之初，认为自己在部队是营级干部，为党的国防事业做出了一定的贡献，回到地方怎么得享受个科级待遇，但却只作为一般干部对待。觉得当兵吃了亏，一时想不通，思想波动比较大，情绪不稳定。由于这些计较个人得失的想法存在，以至于工作不积极，甚至消极怠工。公司党组织及时察觉，并通过谈心交流、学习党章等方式教育引导我，使我真正认识到作为一名党员应该时时刻刻用共产党员的高标准严格要求自己。不能只看到职务的高低，更不应该挑肥拣瘦讲价钱，作为一名千锤百炼的军转干部，更应该时刻做到党叫干啥就干啥，哪里需要哪里搬，全心全意为人民服务。认识的提高和思想的转变让我重新坚定了"退伍不褪

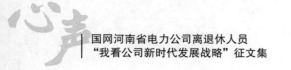

色、转业不转向"的信念。并以满腔的热情、攻坚克难的意志积极投身工作，取得了丰硕的成果。

工作三十年来，我始终保持一名军人的良好作风。在从事人事管理工作中，敢于管理、坚持原则、办事公道、不徇私情。始终严格执行国家政策、遵守工作制度，热心为基层和职工服好务，想职工所想，急职工所急，并利用在部队汲取的好经验、养成的好作风，运用、充实到电力事业中去，在政策允许的范围内为单位想办法、出主意解决职工实际困难。经过辛勤的工作和不懈的努力，各项工作成绩斐然，不但得到了领导的肯定，更是获得了职工的好评，年年被公司评为"劳动模范"和"先进个人"，20多次获得"优秀共产党员"称号。同时，我所带领的人事工作团队，连年被评为先进科室和先进班组，连续五年获得了市供电公司人事管理先进科室。

由于在工作期间作风严谨、办事公道、原则性强又热心助人，经得住考验，退休后担任了离退休第四党支部书记。我深知，这个支部书记虽然官不大，但责任不小。离退休人员由于年龄大了，家庭、身体、思想都处在"新老交替"的状态，使他们老有所乐、老有所养、老有所依是保持和谐稳定的基础和关键。为此，在担任支部书记期间，针对老年人行动不便和害怕孤独的实际情况，主动把上门组织学习和传递组织温暖作为重中之重。郾城片区老同志居住比较分散，大部分又居住在农村，有些离县城路途较远，往返县城需要五六个小时，再加上一些年老多病的老同志，集中组织学习和开展各项活动很难实现。根据这一现实情况，在我的建议下由市公司退休办党总支牵头组织，我和其他支部成员分别深入到离退休人员家中，把党的各项路线、方针、政策以及习近平总书记在党的十九大讲话精神及时传达到每个家庭和个人，并经常组织他们利用互联网关注时事要闻。同时，深入到田间地头和家中问寒问暖，适时进行慰问，帮助他们解决实际困难。并对一定党龄、一定婚龄的党员职工进行奖励等，把党的温

暖和关怀及时地传送到他们心上、手中。

三十年弹指一挥间，从军营到地方，我何等荣耀和欣慰。既有成败，也有悲喜，既有风平浪静，也有不平坎坷，但我始终保持着军人的情怀，用行动和信念书写着自己的奋进之歌，用坚持与坚守谱写着人生的最美篇章。三十年风雨岁月，我从一个年轻力壮的小伙子，已变成了一个两鬓斑白的老人，但我始终保持"军魂"，在今后的征途中，继续为电力事业发挥余热，全力做好离退休职工的工作，坚持不懈地为他们服好务，使他们老有所为、老有所乐、老有所养、身心向上，快乐地过好每一天。同时，在工作中做到多鼓励、常表扬，尊重和理解他们，使他们在和谐稳定的氛围中发挥余热，积极为电力事业发展出谋献策，共同推动公司各项目标的早日实现。

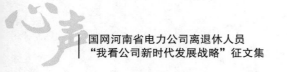

我眼中的国网公司新时代发展战略

郑州电力高等专科学校　张粉江

作为一名在电力系统工作了一辈子的老职工，虽然已经退休多年，但我仍牵挂着学校的建设和发展，积极参加离退休处组织的各项活动，关注着电视、报纸、网络等媒体对电力行业的新闻报道。特别是前段时间，2018年《财富》世界500强排名出炉，当看到国网公司以营业收入348903.10百万美元、利润9533.40百万美元排名世界第二位时，我由衷地感到高兴。

1966年，我从北京电力学院（华北电力大学前身）毕业来到平顶山电厂，成为一名电力工作者。那时的中国全年发电量仅有715.87亿千瓦时，全国有近一半的电网严重缺电。居民用电时常限电、停电，城市的夜晚，寂静空寥。下夜班时，只有昏暗的路灯照亮着回家的路。经过全体电业职工五十多年的建设和发展，截至2017年，全国发电量64179亿千瓦时，位居世界第一位！全社会用电量63077亿千瓦时，真正实现了"楼上楼下，电灯电话"，城市就像一座不夜城，到处霓虹闪烁。

在进行国内电网建设的同时，国网公司也在不断地扩大着海外市场。在"一带一路"建设中，国网公司先后成功投资运营菲律宾、巴西、葡萄牙、澳大利亚、中国香港、意大利、希腊等7个国家和地区的骨干能源网；巴西美丽山水电站送出一期、二期两个特高压直流输电工程成为"一带一路"走进南美洲的一张名片；埃塞俄比亚复兴大坝水电站500千伏送出工程，工程主设备100%为中国制造，是非洲最先进的输变电工程，被确定为青少年爱国主义教育基地，世界银行和多个非洲国家派员考察，对工程质量和技术水平给予高度评价。

几天前，国网河南省电力公司微信公众号上一则头条新闻："世界最高电压等级变电站内，检修大战一触即发。"让我再次看到了特高压这个名词。我们都知道，远距离输电时，电压等级越大，电能损耗越小，据估计，1条1150千伏输电线路的输电能力可代替5～6条500千伏线路，或3条750千伏线路；可减少三分之一铁塔用材，节约二分之一导线，节省包括变电所在内的电网造价的10%～15%。在能源地建厂发电，利用特高压电网输送到全国各地，将是我国今后能源发展的方向。

2018年1月，国网公司召开第三届职工代表大会第三次会议暨2018年工作会议，提出新时代公司战略目标："建设具有卓越竞争力的世界一流能源互联网企业。"从建设"一强三优"现代公司到建设世界一流能源互联网企业，既一脉相承，又与时俱进，意味着发展理念、电网功能、业务模式、服务水平等的全方位提升，对公司各项工作提出了更高的标准和要求。

作为一名老电力工作者，我参与了中国电力的建设，也见证着国家电网的壮大。相信在以习近平总书记为核心的党中央领导下，全体电力职工心往一处想、劲儿往一处使，一定能够按时完成公司战略目标，实现伟大的中国梦！

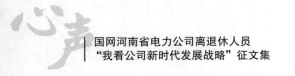
我们村的办电史

国网开封供电公司　刘喜进

在 20 世纪 60 年代，我国的电网建设十分薄弱，电力供应非常紧缺，除了大城市能普及用电外，连县城也时常断电，广大农村用电更是可望而不可及，用电成了广大农村渴望的梦想。

从小围着燃油灯长大的我们，只听说电灯很亮，照得如同白昼一样，十分方便。一天我们同村的几个小伙伴，结伙偷偷地跑了几十里路来到县城，就是为了一睹电灯的神奇。等到天黑，终于看到一盏盏电灯亮了起来，大家高兴地蹦呀、跳呀！眼睛直盯着一盏盏明亮的电灯，直到把眼睛刺得酸疼。当我们沿着漆黑的大路摸黑回家时，已是后半夜了，每人少不了家长的一顿骂。但大家还是非常高兴，因为我们毕竟亲眼看到了真正的电灯。

由于我们几个人的亲身感受，有关电灯的话题在我们村多了起来，连当时的成年人也都纷纷议论起用电的好处。什么时候我们也像城里人一样用上电呢？这成了大家渴望的梦想。终于有一天，大家又在兴高采烈地说起电灯的使用与方便时，村里的老支书再也坐不住了，他召集大伙集思广益，能不能自己办电以解决各家电灯照明问题呢？大家的热情空前高涨，纷纷表示赞同，于是紧张有序的办电工作全面展开，有负责购买发电设备的，有架设简易线路的……终于有一天，全部工作准备完毕，晚上大家焦急地等待着。在柴油机"突突"发动之后，各家各户的电灯"唰"的一下亮了起来。"亮了！亮了！"大家高兴的欢呼起来。以往照明用的小煤油灯在电灯的照耀下如同萤火虫一般，显得那么弱小和无力。

由于村里的经济条件较差，只能规定每天发两个小时的电供大家照明，而且规定每户不能超过两个灯泡，每个灯泡不能大于 15 瓦。即使这样，大家也心满意足了，因为毕竟是附近各村第一个用上电的。消息传出，方圆十里八乡都有人跑到我们村里来，特别是没有见过电灯的人们，更是怀着看稀罕的心情看看电灯究竟有多亮。和我们村有亲戚关系的人们，干脆住在村里不走了。更有趣的是像我们当年一样大的小伙伴们，硬是赖在亲戚家不愿回去，闹得许多家庭只好打地铺睡觉。

发电照明持续了两个月，村里的经济实在撑不下去，加上当年的柴油供应短缺，发电照明终于以夭折而告终，曾经给大家带来光明的电灯，最终成了摆设。

改革开放以来，我国的电力事业有了突飞猛进的发展，电网建设更是发生了翻天覆地的变化，全国电力联网、西电东送、南北联网，电力供应由过去的限量供应到现在的满足供应。特别是近几年，国家投入了大量资金进行城网和农网改造，彻底解决了"卡脖子"供电线路，电力设备也朝着世界一流水平发展，使供电最大限度满足城市和农村用电需要。在广大农村，特别是比较偏远的地方和山区，电力供应实现了村村通和户户通，人们不再会为电力紧张而犯愁了。在广大农村，随着经济条件的不断改善，家家户户基本上都用上了家用电器，从空调、冰箱、彩电到各类家用电器都应有尽有，和城市居民没什么区别。

由于电力的满足供应，农村经济有了突飞猛进的发展，各类小工业、加工业飞速发展起来了。电力供应满足了，经济发展了，为新农村建设插上了翅膀，农民富裕了，农民开心地笑了，大家说："过去可望而不可即的用电现象永远成为历史了，我们的用电梦想实现了。"

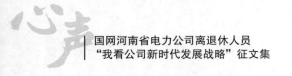
难忘峥嵘岁月

国网濮阳供电公司　王永洲

随着中原油田的快速发展，濮阳市成立，河南省电业局决定成立濮阳供电局。

1984 年 3 月 12 日上午，原安阳地区电业局的同志们参加植树活动，回家的路上我接到通知，要我和高局长（高永林，原安阳地区电业局主持工作副局长）立即到省局去。吃过午饭，我们匆匆往郑州赶，天黑才赶到郑州，找到一家旅馆住下。

第二天上班时间，我们到了省局。苏志学局长、干部处常炳恩处长、禹兆年副处长找我们谈了话。

苏局长讲的大意是：为了保证向中原油田和新成立的濮阳市及辖区供电，省局党组决定成立濮阳供电局。人员以原安阳地区电业局、濮阳县电业局为主，任命我为党委书记，于效周任副书记，王思文、张乾坤、杜国祥任副局长，任文兴任工会主席，王光道任总工程师，石世瑜任副总工程师。

我当时就懵了，这太突然了，我做梦也不敢想象，毫无思想准备。

苏局长说，供电局刚成立，事情很多，要设立机构，做好电力规划，要搬迁到濮阳……。你们原来的基础差、底子薄，上划系统等于从零开始。

我越听越害怕，觉得像有一座大山压在我身上。

谈话结束时，苏局长拍着我的肩膀说："担子很重，你是系统最年轻的党委书记，不容易，要好好干。"

往回走的路上，我是又高兴，又担心。高兴的是，省局领导对我这么信任，我不能辜负了领导的信任。担心的是，怕干不好，辜负了领导的期望，对不起组织。我暗下决心，一定要虚心向老同志学习，发挥集体的力量，上靠领导支持，下靠群众帮助，严格要求自己，踏实工作，宁可掉下几斤肉，也要把工作做好。

既然到濮阳供电局工作，一穷二白的濮阳就是我们的家。我们提出了"儿不嫌娘丑，狗不嫌家贫，艰苦创业，扎根濮阳"的口号。

刚任命的班子里还没有局长，我们不能靠等。

王思文副局长原是濮阳县电业局局长，对濮阳供电情况很熟悉，请他主抓生产。俗话说，兵马未到，粮草先行。濮阳供电局后勤上不来，直接影响我们能否尽快在濮阳扎根。那段时间，我常常往省局跑，请示汇报工作，任命局长、要设备。

我们临时在原安阳地区电业局办公，在濮阳县电业局附近，买地盖房子，为搬迁做准备。八月份，我们搬到了濮阳。因为住房紧张，大多数家属不能马上过来，两地生活的职工占80%。局领导和职工一起吃大锅饭，因食堂小，没有饭桌，下雨时只能端着饭碗到处躲雨。调度室设在濮阳站一个检修间，全局没有一个正值调度员，就从郑州局、安阳局借用。

记得当时为借在省局中调工作的张洪军、宋恒飞同志到我局工作，我直接找濮阳市市长赵良文，请他帮助。当时条件虽然艰苦，但大家的精神状态特别好，没有叫苦的。

为调动职工的积极因素，局党委认真落实党的干部政策和知识分子政策：清理干部档案，卸掉"文革"压在一些干部思想上的包袱；对知识分子政治上关心，生活上照顾，工作上大胆使用；对积极要求入党的优秀知识分子及时吸收到党内来，我们的总工程师王光道同志就是那时候入党的；知识分子分房优先；给35岁以上知识分子体检，给每位工程师发一个书柜；对分配来的大中专学生如获珍宝，按专业分配到生产一线锻炼，作为重点培养对象，现在他们很多都成为处级领导干部。可惜 1985 年分配来的 7 名大学生，因看环境艰苦，没有照面就走了……

1984 年 11 月，按照濮阳市委的统一部署，全局进行了整党工作，进一步调动了党员的积极性，加强了党内外的团结，稳定了职工思想。

创业的日子是艰苦的，但大家都苦中求乐。晚上，工会把电视机搬到屋外，围了一群职工看电视剧；节假日工会组织职工联欢，自编自演三句半，唱的大平调，即使在上班的班车上，也是歌声嘹亮。

由于全局上下团结一心，发扬"有条件上，没有条件创造条件也要上"的创业精神，硬是做到了当年组建，当年搬家，当年供电，受到了市政府和省电业局的表扬。

1986 年 8 月 16 日，我局召开全局职工大会。省局企研室领导代表省局宣布，濮阳供电局实行局长负责制。局长对企业全面负责，党委起监督、保证作用。企业从"党委领导下分工负责制"到"局长负责制"，这种体制的改变有一个认识、适应的过程。到底是集体决策好，还是个人决策好引起很多争议。社会上有一股风，争论在企业里，党委书记大还是局长大，党委和局长是什么关系，谁领导谁？报纸也报道了不少企业因党政关系不和，互相拆台而导致企业"翻船"的消息。这使我们深深感到维护党政一把手团结的重要性，它关系到企业的命运！

我反复思考，新时期党的中心工作是把经济建设搞上去，实现四个现代化，这是最大的政治任务。党政虽然有了分工，但目标还是相同的，就是把本单位的生产搞上去。党委应紧紧围绕安全生产这个中心积极开展工作。不管社会上如何争议，我们老老实实干自己的事。我组织党委成员学习"企业法"，进一步认识到领导体制改变后，企业的社会主义性质没有变，坚持党的指导原则没有变，职工主人翁地位没有变。要求党委成员树立起党的观念、群众观念、民主观念和全局观念。我们团结齐心带领班子成员

树立起"局荣我荣，局衰我耻"的思想，心往一处想，劲往一处使。

1988 年至 1989 年上半年，企业思想政治工作、党的建设在一片"加强"声中被淡化、削弱。社会上，自由化思想泛滥，报纸上刊登"政工干部砍一半，生产翻一翻"的文章，"一切向钱看"思想盛行。基层组织中不同程度的存在组织涣散、纪律松弛、战斗堡垒作用不强的现象。很多人认为搞生产是硬任务，党务工作是软指标，松一点无所谓，党员模范作用不强。我局也难以抵御遍及全国的大气候，宣传科被撤销，组干科并入行政科室，只剩下党办和纪委，人员只有 5 人，基层支部书记全部是兼职。正常的党务工作、思想政治工作难以开展。政工干部心灰意冷，党员队伍凝聚力下降，我感到深深的忧虑，觉得不扭转这种局面，党的方针政策在企业的贯彻、执行将难以保证，各项生产任务的完成也将受到影响。

怎么办？我同党办几个同志反复酝酿，1989 年 4 月，我们尝试明确支部职责，把软任务变成了硬指标，进行百分考核。

为保证党建工作的顺利开展，我们将现代化管理中的目标管理办法应用到党建管理中，党委制定了 14 项工作制度，支部制定了 9 项工作制度，明确了党委、支部及政工科室的职责。建立了党委、支部、小组会议记录本，中心组学习记录及工作记录本，并将各支部每季度的检查打分情况在"党员之家"上墙公布。

经过一年多的运行完善，至 1990 年年底，我局已形成了党委通过目标管理抓支部，支部通过党员考核手册管理党员，党员通过党员责任区联系群众的管理系统。使我局的党建工作从无形变有形，从软任务变硬指标，党建工作步入规范化、制度化管理的轨道。

党建目标责任制的实施，使我局党建工作发生明显变化。

我们的做法得到了濮阳市委、省局党组的充分肯定。1989 年，市直工委在市所属单位推广了我们的经验。1990 年，省局政工处借鉴了我们的做

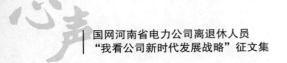

法，在全省电力系统实行了思想政治工作达标责任制。我局连续两年被评为河南省"思想政治工作优秀企业"，局党委连续两年被评为"濮阳市直先进党委""濮阳市党建工作先进单位"。党建目标管理责任制管理办法得到了能源部、中电联的"优秀工作奖"，省局的"优秀成功奖"。后来，我局又把此管理办法运用到了思想政治工作的双文明建设、党风廉政建设的领域，均收到了较好的效果。

感受企业文化

国网许昌供电公司　刘喜斌

企业文化，我认为就是在没有行政命令、没有制度安排的情况下，企业默认的做事风格。它的目的，就是以精神的（感情的）、物质的、文化的手段，满足员工物质和精神方面的需要，以提高企业的向心力和凝聚力，激发职工的积极性和创造精神，提高企业经济效益。

2015年6月，我在长葛市供电公司退休，亲身历经几个时期，让我感触颇深的是：企业文化在发展中所起的作用不可替代。

"企业精神"激励职工创先争优

1984年，国家进行城市体制改革。长葛市供电公司新一届领导班子提出"团结、求实、创新、奉献"的企业精神。企业打破铁饭碗，选拔中青年走上领导岗位，临时工当中层干部，在县城引起轩然大波。在1987年的长葛第一条110千伏薛坡—黄庄线路建设过程中，各级领导带头，依靠自己的力量，全面完成这项输变电工程，初步解决了当时长葛用电难问题。1995年，公司上下齐心协力，调动全社会一切积极力量，经过一年半时间的努力，建成豫南第一个农村电气化县，《河南电力报》三版头条发稿进行了宣传，被誉为"豫南一枝花"。

随着社会的发展，供电企业要求更高。1997年，长葛市供电公司把"求真务实、永不满足"作为企业精神。广大干部职工深入学习领会，集中精力，不到一年时间，"节电先进县"通过河南省电力公司验收。2001年，公司向

"国家一流县级供电企业"发起冲锋，全体干部职工对照国网公司验收细则，分部门逐条逐项加班加点落实，高标准、高质量一年完成建设，第二年通过验收，成为全省 8 个县之一。《河南电力报》发表《豫南明珠又增辉》新闻稿进行宣传。

国网公司提出实行"规范化、标准化、精细化"统一管理，把"追求卓越、自我超越"作为全国供电企业精神。公司一贯坚守"创先争优"，2007 年，又多方筹资 3000 多万元，全力以赴，拼搏努力，建成河南省首个新农村电气化县。到 2010 年，第一个实现村村电气化，《中国电力报》整版篇幅进行广泛宣传。在企业精神激励下，长葛供电人没有停止创先争优的步伐，一直在努力。多年来，全国五一劳动奖状、模范职工之家、国网文明单位、农电综合管理先进单位、河南省级文明单位、农电管理标杆单位、先进基层党组织等荣誉，先后花落长葛市供电公司。企业涌现出 50 多位市级以上劳动模范、"五一劳动奖章获得者"、先进工作者、优秀共产党员。

我相信，在习近平总书记指引的建设新时代中国特色社会主义新进程中，企业文化的力量会显得越发重要。

开展文体活动增强企业活力

几十年的实践证明，开展文体活动，能够扩大影响，树立良好形象，增强企业活力。

1994 年，公司组织了一次"电力杯篮球邀请赛"，长葛市十多个单位踊跃参加，每天晚上比赛两场，打了一个星期，场场爆满，在全社会的影响力大大提升。从这一年开始，企业每年自办一台新春联欢晚会，节目内容贴近生活，职工爱看，一直坚持了好多年。本人两次编写"三句半"，4 人上台演出、逗乐。为提高文化生活水平和质量，公司几次邀请河南省、许昌市戏曲名家到企业送戏演唱，让职工获得更高级别的享受。

公司每年利用元宵节、清明节、端午节、中秋节等传统节假日开展"我们的节日"主题教育活动，为职工注入传统文化元素。在元旦、"五一"、"十一"等节假日期间，领导带头参加，进行篮球、乒乓球、羽毛球、气排球、拔河、赛跑等体育比赛，有效地提高了职工身体素质，提升了企业文化品位。

2008年年初，领导倡导，工会牵头，成立企业文体协会。摄影、书画、乒乓球、篮球、足球、写作6个分会相继成立，之后又发展了气排球、羽毛球、门球、骑行、国学、舞蹈共12个文体分会。其中摄影分会会员达150多名，自费购买各种照相机100余部，业余组织会员到过汝阳、淮阳、禹州等地拍摄，推荐参加各级摄影大赛、展览，有100多件作品获奖；骑行分会80多人，到禹州大鸿寨为山区小学捐助体育器材、学习用品，利用星期天自制标语、小旗进行低碳环保、安全用电、供电服务宣传，收到了良好的社会效果；书画分会通过有计划地邀请省级以上书画家到公司讲授、辅导，老师现场指导点评，共同提高。公司先后举办书画展览10余次，参展作品500多幅。2016年，公司在明珠花园设立"职工书法中心"，四面墙壁挂满职工作品，不定期组织活动，爱好者可以随时挥毫泼墨。

30多年来，公司历任领导重视、支持、关心离退休老同志文体生活。投资建起一流的篮球场、门球场、阅览室、棋（牌）活动室、乒乓球室、健身房等场地。老年人碰到一块儿，打打球，玩玩牌，聊聊天，气氛和谐，轻松自然，心情舒畅。

企业文化生根开花结出硕果

走进长葛市供电公司企业文化展厅，一块块荣誉牌匾、一幅幅作品映入眼帘，无不凝聚着全体干部职工几十年的心血和汗水。

企业以人为本，把注重对人才的培养和塑造作为企业文化的一个内涵，通过开展评选"党员示范岗""每周上镜人、每月双星"活动，实现了"一个党员一个形象，一个岗位一面旗帜，一个行动一份奉献"的争先创优新局面；充分发挥党员和青年志愿服务队的力量，结合学雷锋志愿服务月、精准扶贫、高考等重要时间节点，组织人员到学校、社区、敬老院、孤儿院和精准扶贫村，开展以"供电服务为主线、公益活动为补充"的特色服务模式。

公司深化"典型人物文化传播"工程，更新完善企业文化展厅、道德讲堂、文体活动室等阵地建设。每月开展"道德之星"评选，推荐2名报许昌供电公司，积极向上级推荐各类道德模范；每年举办2次"道德讲堂"，推选企业职工上台，邀请社会模范人物演讲，培树宣传先进典型，让身边看得见、摸得着的典型人物成为推动文化传播和落地的鲜活教材。

企业把"弘扬雷锋精神、学习雷锋活动"作为常态活动进行，持续不断。公司员工"拾金不昧获赞扬"等好人好事得到广泛传播。公司副经理薛德申，向病人捐献干细胞，获得"长葛市助人为乐道德模范"。2004年开始，长葛市董村供电所把镇敬老院作为服务对象，在董永故里传承孝老敬老美德。"学雷锋服务小组"连续15年坚持定期或不定期到敬老院义务服务，老人都把他们当做"亲孙子"。为感谢企业培育、社会支持、家庭理解，我坚持学雷锋55年，做好事数百件，被评为长葛、许昌两级道德模范，河南省关心下一代先进工作者，2014年上了中国好人榜，被第21届中华大地之光授予"中华学雷锋模范人物"，先后在许昌、长葛15个单位做过演讲报告，故事在10多家新闻媒体刊发。

希望在以后的国网公司发展新战略过程中，继续弘扬正能量，将优秀的企业文化潜移默化，深深扎根在职工心中，发芽、开花、结果，有力地促进企业效益不断提高，让职工分享更多发展成果。

新时代是一种精神

国网新乡供电公司　李新民

有什么样的精神，就有什么样的力量；有什么样的信仰，就有什么样的方向！习近平总书记指出，实现中国梦，必须弘扬中国精神。从延安精神、大庆精神、"两弹一星"精神，到三峡精神、青藏铁路精神、载人航天精神，这些中国精神的源头，就是把广大人民的根本利益看得高于一切、坚定革命的理想和信念、坚信正义事业必然胜利的精神；就是为了救国救民不怕任何艰难险阻，不惜付出一切的牺牲精神；就是坚持独立自主、实事求是、一切从实际出发的精神；就是顾全大局、严守纪律、紧密团结的精神；就是紧紧依靠人民群众，同人民群众生死相依、患难与共、艰苦奋斗的精神！

新时代是一种精神，她是成就中国梦的精神！是我党、我军、全国人民强大的精神支柱和取之不尽、用之不竭的力量源泉，是我们党和中华民族最可宝贵的精神财富。

"七一"前夕，我们作为离退休职工代表参观了新乡地区新投运的500千伏变电站。新建的变电站结构更加紧凑，自动化程度更高，为新乡地区打造坚强电网起到了重要的作用！崭新明亮的中央控制室、全自动化的运营监控设备、高素质的运行管理团队，无不展现了国网河南电力的风采！

建设有中国特色的社会主义，是实现共产主义理想的必然之路，是中国走向繁荣富强的正确道路，也是在新的历史条件下又一次伟大而艰巨的长征。当年的战火已经散去，新时代的道路依然山高水长。面对严峻的困难、复杂的考验，我们特别需要大力弘扬新时代精神！用中国特色社会主义共

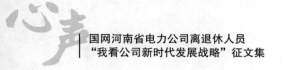

同理想凝聚力量，用以爱国主义为核心的民族精神和以改革创新为核心的新时代精神鼓舞斗志，激励和鞭策全党全国人民敢于征服一切困难，敢于面对一切挑战！让我们高擎起新时代精神的火炬，凝聚起不可战胜的中国力量，向着中华民族伟大复兴的中国梦坚定无畏地大步前进！

曾 经 的 岁 月

国网三门峡供电公司　马红霞

1984年10月，我怀着激动的心情正式成为电业系统的一名职工。当时非常兴奋，想着能自己挣钱养活自己了，想着每天上上班，每月拿拿工资，好爽！没想到以后的工作状态远不是我想象的那么简单。

我和一块参加工作的同事被分配到电力运行部，先是分到斜桥变电站进行实习，报到当天要求我们换上全套的工装。一身松垮的工作服遮住了我们娇好的身躯，一顶黄色安全帽挡住了我们年轻俊美的脸庞。刚开始什么也不懂，什么都得从头学起，渐渐地我们知道了什么是断路器、隔离开关、变压器等等这些设备名称及用途，知道了怎样分合断路器、拉合隔离开关的基本操作。但是我们也只是知道些一次设备的基本知识，对二次设备一窍不通，对电力设施的深度了解不多，这些浅薄的知识使我们达不到一个合格的运行值班员标准。直到1987年建起河南省第一个"女子站"——110千伏向阳变电站。

向阳变电站地处市区，三门峡大部分工厂及居民用电都是从这里输送。当时的"女子站"值班人员由我们八九个二十二三岁的清一色女职工组成，站长比我们大六七岁，是个工作严谨、有强烈责任心的人。那时的我们就是一群叽叽喳喳的女孩子，没有从事过真正意义上的运行工作。刚到站里，站长就语重心长地说：以后这个站就由我们这些人掌控了，你们要尽快熟悉业务，掌握技术，以后运行工作的安全性就靠你们自己把关了。站长的一席话犹如醍醐灌顶。是呀！以后的工作就要我们自己独当一面了，不是

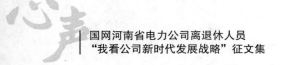

以前跟着老师傅过"打酱油"般的生活那么简单了。

由于变电站的工作属于高压作业，它的操作必须严格按照相关规程规定进行，步骤严谨，错一步就有可能造成设备损坏、人员伤亡事故。当发生事故时还要求我们要迅速、正确分析事故发生的原因，判断事故地点，准确进行处理，要及时恢复送电。如果不完全了解和掌握这些电力知识，根本就不能独立值班、进行操作，所以加强学习就成了我们的首要任务。此后我们就开始了高强度学习，学习专业书本知识、熟悉设备、背规程，越学越觉得电力运行行业是个深奥的技术活，越学越觉得自己离这个行业差距很大，所以我们就理论联系实际，在书本中学习理论、提高业务技术，在工作中锻炼自己、掌握工作技能，边学边干，一刻也不敢松懈。经过刻苦的学习和在工作中慢慢摸索，日积月累，我们不但逐渐提高了自己的业务水平，也积累了一些宝贵的工作经验，这也为适应之后的电力行业改革奠定了良好的基础。

因为是"女子站"，所以什么事都得靠我们自己。闲暇时间，站里的设备日常维护工作全都是我们自己动手。经过一段时间的历练，我们个个都炼成了巾帼不让须眉的"女汉子"，不但能手脚麻利登到5米高的房顶换灯管；还能身手敏捷地上到110千伏停电设备上进行设备清扫；更能俯下身躯钻到污水道清理污垢、割除整个设备区杂草。大到停送电操作、事故处理，小到设备查找缺陷、维护等工作，全是我们这帮女孩子完成的，有时候下班回到家，累得饭都不想吃，躺下便能睡上一整天。

时间就这样一天天过去，我们这拨人都到了结婚、生育年龄。由于年龄相当，所以那段时间我们必须克服人员不够的困难，在怀孕时都是到了预产期才敢休息。我还清楚地记得我的初期阵痛是在开周例会时来临，坚持把会开完才回家到医院办理住院手续，第二天孩子就出生了。这也是我人生中最难忘的一段经历。就这样，大家在站长的带领下团结拼搏，顺利

安全地完成了各项工作任务。

记得我们最难熬的时段就是孩子半岁到三岁之间，由于站内是24小时值班制，接上班就要神经紧绷，脑子不停运转，要考虑这期间可能发生的突发事件；要做事故预想，做可能出现任何对运行不利事情的分析；并随时观察设备、表计，防止异常情况发生，精神高度集中。而在值班期间，随时都可能有操作任务和事故发生，值班人员不能回家。孩子太小，托儿所又不收，所以我们就在上班前把孩子托付给老人、兄妹，有时托付给朋友、邻居、同学。记得有次上班，家里突然打来电话说孩子发高烧40℃，问怎么办？我走不了，只好麻烦她们赶快送医院输液，听着孩子在电话那头哭着要妈妈，我的心都碎了，放下电话我的泪水再也抑制不住地往下流。可如果这时有操作或者事故，还必须强力克制住自己的情绪，全神贯注地进行工作。闲暇时，就又会心急如焚地等孩子是否痊愈的消息。这样的情况我们这批人经常会遇上，若要详细说恐怕三天三夜也说不完。我们经历过挫折，受过委屈，也沮丧过，并且打过退堂鼓。但是，拼着一股执着劲儿、我们撑住了这口气。最终克服了一个又一个困难，渡过了一个又一个难关。在家休息期间，只要接到站里的临时任务通知，大家都是丢下孩子以最快的速度赶到站里。在大家的共同努力下，"女子站"年年获得先进站、三八红旗站等荣誉称号，真正体现了巾帼不让须眉的豪情。

随着企业的进一步改革，原来的变电站逐渐改革成集控站，由集控站统一管理子站，"女子站"也结束了为期几十年的使命，人员被分散到各个部门。由于之前养成的好学、严谨、心思缜密的工作态度，到了各个部门都能以最快的速度适应新的工作岗位，我们中的姐妹们后来有的当上了主任，有的当上了班长，有的成了技术骨干，工作都干得有声有色，人人都说从向阳站出来的"女汉子"个个都是好样的。

岁月如梭，很快我们从女孩子变成了女青年，从女青年又走入了中年，

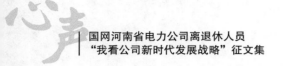

如今都已经从工作岗位上退休回家了。在过去的几十年，我们把青春奉献给了电力系统，把热血奉献给了运行事业。回忆起我们的光辉岁月，可以说那段工作经历给了我们自强、自尊、自信。虽说我们就是一名普普通通的女职工，但可以问心无愧地说，我们无愧于工作，无愧于我们的事业；我们也可以骄傲地说，我们这一辈子无悔、无憾。

现在党的政策越来越好，祖国也越来越繁荣富强，日子也越过越富裕了。我们这些老姐妹不时地聚在一起，继续发扬不服输的精神，与时俱进，又学会了 QQ、微信聊天，学会了玩电脑、网上购物；每年还抽出时间出去旅旅游；我们还一起到单位退休办的活动室学习书法、绘画，唱歌、运动，日子过得很充实。这要感谢我们的祖国，感谢我们的党，让我们有这么好的晚年幸福生活。

"愚公精神"办大电

——忆建设后济110千伏输变电工程

国网济源供电公司 李德瑚

1969年，随着济源五小工业迅速发展和海后机场工程在济源的开工建设，济源电厂仅有的两台1500千瓦发电机组已远不能满足当时全县工农业生产发展和三线建设用电需要，在电力严重供不应求的形势下，济源县委把握要害，抓住时机办电，决定从电厂引进系统网电，建设后（寨）济（源）110千伏输变电工程，即所说的"办大电"。

多方筹集办电资金

经县委与海后机场工程负责人协商并向上级请示汇报，决定支援济源办电资金100万元和钢材150吨；在向省委书记刘建勋同志汇报请示后，省财政给济源拨付办电资金96万元；县委向新乡地区领导汇报求援，地区决定给济源解决钢材等办电物资价值17万元。三家共支援213万元，至此，办电资金基本解决。

当时，河南的县级供电公司还没有110千伏输变电工程，济源供电公司连35千伏输变电工程也没有，只有电厂的6千伏外供电。"愚公之乡"济源县要自力更生办110千伏大网电，在向省电业局汇报后，省电业局领导有些担心："这么大的工程，以县一级的力量和技术水平要做成功很难，这要算河南的先例"。确实，在20世纪70年代，县级自力更生建设110千伏输变电工程，堪称"全省第一县，全国也少见"。所以当时省内不少兄弟县听说"愚公县济源要自己办大电啦！"，都很惊讶和羡慕。

功夫不负有心人，县委为做好这项工程，抽调得力干部组成办电筹建指挥部。指挥部打破"文革"中的用人观念，将"文革"初期所谓"保守派"而下放乡村的10多名干部抽调充实到办电队伍，又从电厂外线班抽来七八名从未做过35千伏及以上线路施工的"老"外线工为技术骨干，另通过县劳动局从各公社招收来四十多名农村电工和社会青年。当县委组织部了解我从电专毕业后曾分配在东北延边电业局工作多年，是从事过鸡牡延110千伏、154千伏输电线路工程勘测设计施工的专业技术员，就应办电处要求把我也调到办电处，负责工程技术工作。

后济110千伏输电线路工程，东起博爱县太行山区寨豁公社后寨村电厂，西至济源（老电厂）110千伏变电站，全长50.25公里，共设计铁塔157基。工程分前期（勘测设计）、备料加工、施工三阶段。前期线路勘测设计于1969年9月完成。我们到武汉电力设计院学习，引进该院设计的适用山岭区的"ZL"直线拉线塔形；同时，我携带由省里支援的旧经纬仪和工具，带领几名青工，赴电厂至济源界太行山区爬山越岭选定线路走径、测断面图。当时我们吃住沿线村庄农家，自带行军水壶，中午自带干粮就地"自助餐"，每天早出晚归，晚上点油灯整理勘测资料，按时提出了设计图纸和材料表，为备料加工及施工提供了依据。

1969年10月—1970年1月是工程备料加工阶段。塔材加工全部由县工交部分配到纺机、冶炼等厂矿，按设计图纸义务加工，办电处派员检查监督加工质量和进度，要求按期完成。之后各加工单位按安排日期用车运送到指定塔位工地，才算交工。与此同时，我带技术组雇用一辆带篷三轮车，拉上仪器工具和人员，从1号塔至157号塔，逐基定位、分坑，除下山时到沁阳紫陵住过一家小旅社外，山区全吃住在沿线路农家。

"大 会 战"

1970 年 3 月初，工程指挥部提出"'六一'突破 110 千伏后济输变电工程大会战"，分后勤运输、塔基组立、杆塔组立、导地线架设四个流程作业组。"大会战"开始后，午餐向工地送饭，每人一天补助两毛钱伙食费。我和李占修带 20 个人负责首道工序，在前期已开挖基坑的基础上，负责基坑整修、支模、混凝土人工浇筑养护及拆模回填土。工程质量要求高，工程量和工作强度大，为不影响杆塔组立工序，每天工作总是上工不见太阳下工见月亮，终于在 4 月初按指挥部下达进度提前完成全线 22 基耐张转角塔基施工任务。随后，我又参加了杆塔组。至 4 月底铁塔组立塔全部完成后，集中全部施工人员，从 1 号塔开始，逐个耐张段架设导地线。当时没有现代化的牵引机、放线车之类的施工机械，全凭人工拉放紧线，按每个耐张段地形、长度，预先雇用沿线农民群众拉线。

施工进入攻坚阶段，尤其 1 ～ 62 号长度为 32 公里，地处太行深山区且跨长（治）焦铁路和丹河，拉放导地线相当困难。仅在沁阳西万北太行山区的 34 ～ 62 号一个长 8800 米耐张段放线时，除我们 50 多名员工外，又在附近村庄雇用了 100 名民工和 9 头黄牛帮助牵拉放线，用了 3 天才把 5 根导地线放完紧起。在那长满"马家疙针"的大山地区，空人上下都很困难，要用人畜拉放长达近 10 公里、牵引力又足有 2 吨多的导线，其艰难程度是现在惯用先进牵引机械放紧线的线路工难以想象的。巧的是在架线施工期，喜闻我国第一颗人造卫星成功发射，指挥部特召开"庆祝动员会"，请来了时任县委副书记的赵正新同志参加并讲话，给大家以极大鼓舞。在县委、县政府的直接领导和关怀下，在会战指挥部的统一指挥组织下，在人造卫星成功发射的精神鼓舞下，全体职工发扬"愚公移山"精神，克难攻艰、奋发图强，终于在 5 月 30 日实现全线完工，圆满完成"'六一'突破

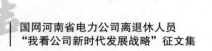

110 千伏后济输变电工程大会战"任务，受到县委、县政府表彰及省电业局、兄弟县局赞赏。并评选出技工张夕聪代表办电处参加省劳模会，受到省政府表彰。

后济 110 千伏输变电工程于 1970 年 8 月投运，当时正是电力供需矛盾突出时期，虽在一定程度上缓解了济源的用电紧张局面，但因省调分配网电负荷指标难以满足需求及企业厂矿用电量增加，造成焦作地调时不时对济源拉闸停电，县调度对各乡镇厂矿拉闸限电就更频繁，就连济源煤矿这样的重要企业用户也时常拉闸限电，更不用说有些乡镇，一连几天不送电也是常事。

随着 1997 年济源供电上划河南省电力工业局管辖，220 千伏苗店、虎岭变电站直管，济源的电力供需矛盾才得到缓和。而后济 110 千伏输变电工程早已圆满完成历史使命，2000 年后已空载闲置，并于 2004 年拆除。

在扶贫路上"发光发热"

国网驻马店供电公司 黄文静

全面小康路上，一个都不能少。近年来，国网驻马店供电公司积极响应党的十九大提出的坚决打赢脱贫攻坚战的号召，全面贯彻落实省电力公司和驻马店市委、市政府关于打赢脱贫攻坚战的决策部署，将人民安居乐业和社会安定和谐作为公司的重要责任，充分发挥行业优势，实施电力精准扶贫，动员和带领全体干部员工全身心投入扶贫攻坚战，助力驻马店脱贫攻坚。

在开展扶贫工作过程中，有这么一群人，他们退休不退"职"，始终关心关注着贫困村的发展，充分发挥经验智慧和"余热"，为贫困村建设和贫困户脱贫忧心忧虑、出谋划策。在对口帮扶村，他们走村串户、深入田间地头，针对基础设施建设、本地资源的开发利用、党的方针政策的贯彻落实、单位对口扶贫等方面进行调研，将老百姓关注的热点、难点、焦点问题及时向公司党委反馈，积极出谋献策、拾遗补缺，让贫困村向着脱贫的目标一步步迈进。他们就是国网驻马店供电公司离退休党支部的老同志们。

代向东是国网驻马店供电公司离退休党总支书记，2016 年，他被公司派驻三里河街道刘庄村任驻村第一书记。刘庄村为驻马店市 18 个艾滋病帮扶重点村之一，下辖 14 个自然村，11 个村民小组，总人口 520 户 1860 人，耕地面积 3751 亩，主导产业为种植业，共有贫困户 71 户。

上任伊始，为尽快摸清村情，他积极组织党员和村民代表开展座谈，白天挨家挨户走访调查，了解村子发展滞后及贫困户致贫原因，晚上对调

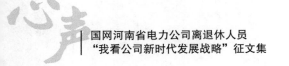
研情况进行梳理总结，会同村支部、村委一起查找问题症结，思考和谋划刘庄村脱贫计划。那段时间，目睹了刘庄村贫困现状的他寝食难安，把所有时间和精力都投入到了驻村扶贫工作中，让刘庄村早日脱贫致富成了他日思夜想的问题。

通过潜心调研和悉心收集、归纳和总结，代向东对刘庄村的基本情况及存在的问题有了完全的了解和掌握。针对刘庄社区基础设施落后、居民生产生活环境较差、文化设施缺乏、产业发展动力不足等现状，他与刘庄村"两委"成员一起研究，提出了刘庄社区发展愿景及目标。愿景为建设"富裕、文明、和谐、幸福"的刘庄社区；目标为 2017 年年底之前"打造一个坚强电网、打成两眼及以上深井、完善三个场所（幼儿园、小学和卫生室）设施、培育四个合作社、重点发展五项及以上特色种植养殖项目"。为刘庄社区勾勒出了一幅强基础、兴产业、促发展的美好蓝图，为刘庄继续前行指明了方向。

从做好贫困户建档立卡工作开始，他结合贫困户基本情况，按照精准识别、精准施策的原则，逐户制定扶贫措施和脱贫计划。同时，他将所驻村情况及时向县委、政府和公司领导反映，通过多方协调和争取，为社区争取到了 260 万元安全饮水项目和 400 多万元的社区农网改造项目。

在惠民实事方面，他积极带领村"两委"入村入户，认真听取群众意见和需求，与群众同吃同住同劳动，关心关爱艾滋病户、贫困户、五保户、残疾人、空巢老人和留守儿童，帮助解决生产生活中的实际困难。在他的协调下，国网驻马店供电公司与刘庄社区 116 户困难家庭（包括艾滋病户、困难户）直接结成帮扶对子，利用夏收、秋收时节帮扶资金近 5 万元，实现对口帮扶人员人均年增收 500 余元；走访石子厂、林场和养猪大户，了解企业和养殖发展所需，加快推进产业建设，以产业带动持久扶贫；深入老党员和孤儿家中慰问，并带去慰问品，让他们感受到组织的关怀和温暖。

同时，为改善社区办公环境和基础措施，国网驻马店供电公司还为刘庄社区捐赠了办公桌椅、电脑、铁皮柜等办公设施和乒乓球台、乒乓球拍、象棋、围棋等文体用品，新建篮球场一个，为社区卫生所捐赠一批价值8万余元的医疗器械，投入4万多元扩建儿童图书馆，并捐赠图书1000多册，为社区安装路灯20余盏……考虑细致周到，全力改善了村民生活质量，让刘庄村民的笑容多了起来。

基础设施改善了，环境卫生整洁了，村民发展特色种植、养殖的信心和干劲也足了。全面调动了贫困户的主观能动性和创造性，引导他们用自己辛勤的劳动改变贫困落后面貌。在代向东的努力和国网驻马店供电公司的倾心帮扶支持下，刘庄村的村容村貌发生了显著的变化，截至2017年年底，已累计实现脱贫35户163人。他们用实际行动和工作成效，赢得了群众的认可和称赞。

村庄正向着美好的愿景前进，然而，代向东却病倒了。2017年上半年，他被查出患有严重的肺病，病情紧急，他才不得不放下手中的工作住院治疗。在治病的日子里，他仍然牵挂着刘庄村的发展，经常和接任他的驻村书记电话联络，时刻关心关注着刘庄村的脱贫情况。病情稍好转后，他依旧多次带着离退休老同志到刘庄村走访调研，了解基层的第一手资料，为刘庄村发展建言献策，做到了心系村民，始终坚守在脱贫攻坚的阵地上。

"消除贫困、改善民生、逐步实现共同富裕，是社会主义的本质要求，是中国共产党的重要使命。"习近平总书记在党的十九大报告中指出，"让贫困人口和贫困地区同全国一道进入全面小康社会是我们党的庄严承诺。要动员全党全国全社会力量，坚持精准扶贫、精准脱贫，坚持中央统筹省负总责市县抓落实的工作机制。"河南省积极响应并坚决将扶贫工作落实到位，不断加大扶贫工作力度，提升扶贫工作质量，发挥党员先锋模范作用，苦干实干，全心全意为人民服务。在如此短时间内，扶贫工作成绩的取得，

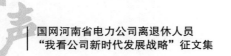

离不开每一位扶贫工作者夜以继日、勤勤恳恳的努力与付出。刘庄村的发展和代向东的事迹，只是全国扶贫工作大环境下的一个缩影。扶贫之路，仍任重而道远，但众人拾柴火焰高，相信在这些光和热的带动下，贫困地区脱贫，全面建成小康社会的目标一定会实现！

深山绽放扶贫花

国网济源供电公司 常玉国

深秋的一天，风和日丽，我们一行三人慕名来到了地处深山的陶山村。之所以说是慕名，一是听说这里是山清水秀的省级贫困村，二是该村是济源供电公司精准扶贫的对象。作为公司的退休老职工，我们想亲自一睹其容。

陶山村位于河南省济源市下冶镇，这里大山起伏，峰峦叠嶂。我们站在陶山村边，黄河三峡的美景一览无余。村里的街道整洁干净，新旧住宅错落有致，一些窑洞也坐落其间。街上暖阳下坐着几位老人，在悠闲地聊天。我们参与其中，他们高兴地与我们聊起了陶山村的状况。

该村有10个村民组共900余人，土地面积约680亩，耕地仅140亩左右，其余为人造山林。耕地面积少，水浇地更少，只能靠天种地，粮食仅能自足。加之村里没有集体产业，没有特色产品，缺乏经济来源，是历史上有名的贫困村。改革开放的这些年，人们不甘现状，年轻人大都走出大山，外出打工谋事，一些老人也随之外出。现在，在村里常住的也仅有100位左右的老人。"你们外边来的人都说这里风景优美，我们常年住在这里，以前也不觉得美在哪里。不过从供电公司对我们扶贫之后，现在倒看出一些美来了！"一位老人笑哈哈地说。

我的同行者给供电公司的扶贫驻村干部、我们曾经的同事刘召唤打了电话。须臾，他便与村长一起找到了我们。村长又给我们介绍起了村里这几年的情况。

党的十八大特别是十九大以来，国家的脱贫攻坚和振兴乡村政策深入人心。市里确定陶山村作为济源供电公司的精准扶贫对象后，公司领导先后多次来村里做了调研，制订了扶贫框架方案，然后委派公司的中层干部刘召唤来村里常驻，并担任村党支部的第一书记。刘召唤来到村里后，一住就是两年。他到村里后，经与下冶镇协商，首先改选和组建成了思想统一、齐心协力的支委和村委。然后，挨门挨户地走访村民，摸透情况，与村"两委"一起制定出了"合作社 + 养殖业 + 旅游产业"的基本脱贫思路。

电力扶贫是他们跨出的第一步。刘召唤向供电公司申请对陶山村的用电配网进行全面改造，经公司批准后，投入了 115 万元左右的资金，对村里的老旧线路和入户线进行了更新，新建改造 10 千伏线路 23 千米，新建改造 3 个台区，更换下户线 26.75 千米，使该村有了安全可靠的电力资源。

电力的保障使村民们看到了供电公司对他们的扶贫并不是以前的"走过场、一阵风"，从而加强了脱贫的信心。

村民们在刘召唤和村"两委"的指导下，纷纷开始养牛、养鸡，村里的养殖业很快发展了起来，他们开始有了自己的花销钱。

在此基础上，刘召唤带领村"两委"成员迈出了第二步，成立陶山村农业合作社，实行了统一购买农资、统一选种、统一种植、统一灌溉的耕地集中管理模式，使粮食产量得以逐年提高。同时，他们与市国土资源局与农科院等相关部门沟通，对土地和土壤情况进行摸底调查，提高种地的科学含量；成立了陶家果树种植专业合作社，从北京引进了苹果、桃子、猕猴桃、葡萄等树苗，栽种在 30 亩山坡地上，计划再发展 20 亩大棚果树，拟在几年内打造一个"绿水青山就是金山银山"的陶山村；利用陶山村的自然条件，开发旅游资源，在与旅游部门协调下，确定了陶山旅游的发展方向，规划旅游精品线路，打造摄影采风基地、写生基地、户外运动基地，开展了省华夏文化促进会陶山创作采风活动，以及"道德讲堂进陶山"活动。以摄影、绘画、传承优秀文化等方式展示陶山村的民俗和风景，在济源电视台、济源日报、河南日报、大河报等媒体和网络上对陶山村进行了宣传和推介。他们成立乡村旅游服务合作社，让农户改造建设吃住一体化的"农家乐"服务场所，创造旅游服务产品，把陶山打造成一个黄河三峡的旅游名片。

村长说，前些年村里的年轻人都跑出去了，现在看到村里的变化，一些人就又回来了，我们要动员更多的村民回来大干。他竖起大拇指："我们深山的农民，哪里懂得这些，这都是你们供电公司的帮扶功劳啊！"正值晚秋，山上凉气已浓，但村长的侃侃而谈却使我们热血沸腾。

说话中间，已到午时，他俩拉着我们来到了村里的一个"农家乐"院落。院内炊烟袅袅，大锅菜热气腾腾。碧绿的山韭菜、野荠菜令人馋涎欲滴。几个外地游客正在津津有味地一边用餐，一边说笑。农户老板陶孝云听说书记和村长领着我们前来，赶紧笑呵呵地跑出来，把我们让到一个餐桌旁，眉开眼笑地说："咱这大山里也没有七碟八盘，就是这大锅菜，焖米饭。不过这菜和米保证没用农药，猪也是自家养的笨猪。"我们问："生意好吗？"他回答："好，好啊！这都是刘书记给我们带来的，感谢你们供电公司啊！托共产党的福啊！"

从"农家乐"出来，我们走在大街上，端着碗在外边吃饭和闲坐的村民纷纷与刘召唤打招呼："刘书记，往家吃饭吧！"我们看出，那种喜悦和感激之情不仅挂在脸上，而且扎根在心里。刘召唤给我们说："这里的人朴实善良，他们都把我当成了村里人看待，我也把这里当成了我的第二故乡。""在派我来驻村时，咱公司的李国立总经理和田世立书记给我交代：'陶山村的扶贫是我们整个公司的事。你在扶贫前线干，我们在后方作保障。小事你与村里做主，大事回来商量。'所以，我感到我既承载着公司领导和全体职工的重托，也承载着陶山全体村民的希望，我一定不负众望，不敢懈怠，让陶山村彻底脱贫。"他说，这两年只是初见成效，离党和国家的要

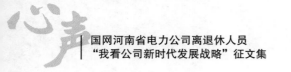

求还有很大距离。他们已制定出了新的《陶山村 2018—2020 年精准脱贫规划》，要一步一个脚印地去实施。

"当然，前边会有很多困难，但是有党和国家的政策引领，有市委市政府、下冶镇的领导，有我们供电公司的支持和帮助，有陶山村村民的配合和努力，我们一定会让党的脱贫政策在这深山里绽放出绚丽的花朵，让一个富饶美丽、像现代桃花源一样的新陶山村出现在大家面前！"

站在陶山村口，俯视着仙境般的黄河三峡美景，我们憧憬着这里在不久的将来会出现一个美丽富饶的深山明珠——陶山村，深深赞叹着党和国家脱贫攻坚、振兴乡村的战略意义！将来的陶山村只是一枝花朵，在全济源、全河南乃至全国各地，还有成千上万这样的花朵在培育和绽放中！若干年后，实现了中国梦的华夏大地定会是一个姹紫嫣红的百花园！

真情扶贫暖人心

国网漯河供电公司　曹文龙　应晓丽

党的十九大做出了中国特色社会主义进入新时代的重大论断，确定了决胜全面建成小康社会、开启全面建设社会主义现代化国家新征程的目标。要求深入开展脱贫攻坚，保证全体人民在共建共享发展中有更多获得感，不断促进人的全面发展、实现全体人民共同富裕。省公司党委要求，积极履行社会责任，加快推进农村电网建设，充分发挥驻村第一书记作用，全力助推脱贫攻坚。

2017年11月，按照市委组织部要求，漯河供电公司离退休党总支书记李健被公司推荐派驻到漯可市召陵区老窝镇古同村担任驻村第一书记。近一年来，他心系贫困村民，履职尽责，奔忙于精准扶贫第一线，全身心为民排忧、为民解难、为民办事，他把他的驻村情结都寄托在带领群众共同致富上，凭着这份执着的追求，用真情和汗水在脱贫攻坚第一线谱写出了一曲动人的敬业之歌。

"担任驻村第一书记，不仅仅是个人工作角色的转换，更承载着古同村群众的期盼，要切实让贫困群众早日脱贫解困，过上好日子。"他这样理解自己的驻村工作。近一年来，他访贫因、挖穷根，并深刻认识到贫困村脱贫关键是要培育适合当地的主导产业，解决内生动力，结合村情提出"强组织、建产业、谋发展、聚民心"的工作思路，切实推进产业发展，带动群众致富增收，探索出了一条符合古同村实际的扶贫工作新路子。他累计走访贫困户400多人次，引进扶贫产业项目6个、基础设施改造2个，共协调落实项目资金 600 多万元, 为古同村打赢脱贫攻坚战打下了坚实的基础。

"火车跑得快, 全靠车头带, 群众富不富, 关键靠支部。"他是这样想的也是这样做的。基层组织是打赢脱贫攻坚战的"生力军", 是脱贫攻坚战中的战斗堡垒。他认真落实党支部"三会一课", 切实组织开展党员主题教育活动, 利用党员远程教育系统加强教育培训, 以党建工作为抓手, 严格要求自己, 认真当好带头人。"扶贫先扶志, 治穷先治愚", 依托党建阵地强化宣传引导, 一年来召开大小会议 20 余场次, 参会党员群众 600 余人次。通过大力开展"不等不靠、艰苦奋斗""精准扶贫不是养懒人"等思想培训, 不断增强贫困群众脱贫致富的信心。同时, 利用好"四议两公开", 增强党员参与村级事务的积极性和村两委班子的凝聚力, 增加"两委"成员的向心力, 不搞一言堂, 所有事务都摆到桌面上, 保持高透明度, 所有决策都通过集体决议, 责任共担, 压力同分。让古同村呈现出户户要发展、全村要脱贫的良好发展氛围。

"通过项目带动、资金拉动、党建联动这种模式, 我相信, 古同村的老百姓一定能早日脱贫致富", 李健信心满满地说。按照上级有关脱贫攻坚要求, 他明晰思路举措, 推动精准扶贫, 一是依托"党建＋扶贫攻坚"项目, 认真做好支部结对帮扶工作, 每个支部结对帮扶一户贫困户, 形成"一对一"帮扶工作机制, 明确分管领导和联系人, 明确结对帮扶目标任务、责任, 定期召开结对帮扶专题会议, 每支部每年至少开展两次帮扶工作, 结合公司特点, 努力打造"党建助推扶贫攻坚"特色亮点, 树立公司党建工作品牌形象; 依托"团建＋脱贫攻坚"项目, 通过团员志愿服务队做好贫困群众志愿者服务工作; 依托"工会＋脱贫攻坚", 充分发挥工会桥梁纽带作用, 利用工会救助等形式做好扶贫工作。通过"党建、团建、工会＋脱贫攻坚"项目的实施, 充分发挥公司自身优势, 全员参与, 形成扶贫合力, 有力推动古同村的脱贫攻坚工作, 让公司广大职工亲身体验农村生活, 更

好地提升职工的幸福感和获得感。投资35万元建成古同绿色产业扶贫基地，主要包括蔬菜种植、养殖、娱乐和餐饮为一体的综合产业扶贫基地，将古同村有劳动能力的贫困人口12人全部就地安置就业，同时能够发挥他们种植、养殖等技术特长，人均年增加收入3000元以上。目前蔬菜大棚正在建设，11月底前建成投入使用，与双汇集团签订收购协议，由双汇集团全部进行回购，将直接增加古同村集体经济收入5万元以上，大大提升古同村经济发展动力，不断增强贫困户脱贫工作能力，实现稳定脱贫。

他在与群众实际接触中，也发现部分贫困户"等、靠、要"思想严重，单纯依靠单位帮扶和上级扶贫政策的落实；部分贫困户年龄较大，文化水平不高，产业发展缺少技能，脱贫致富缺乏能力；村集体经济发展较弱，产业发展单一，扶持贫困户的产业难以形成，产业扶贫项目抗风险能力较弱。李健表示：要实现贫困家庭的精准脱贫，治贫先治懒，扶贫先扶志，以转变贫困群众观念为关键，让困难群众思想认识到位、心态积极、主动作为，引导他们树立自立自强意识。围绕智志双扶，他争取单位的支持，筹集资金1万余元创办了村里的"智慧超市"，鼓励群众积极参加村里的公益活动，以积分兑换奖品，激发贫困群众的内生动力。为倡树文明乡风，他和村"两委"干部组织开展了"第三届好媳妇"的评选活动，倡导孝老爱亲的文明风尚。

2018年，漯河公司被评为漯河市2018年上半年度脱贫攻坚"后盾之星"荣誉称号，李健被评为2018年上半年度"扶贫之星"荣誉称号。谈及下一步的工作打算，李健说："要全身心投入到扶贫工作中，用真心扶真贫，用真情扶真困，做细做实精准扶贫，圆满完成驻村帮扶和脱贫攻坚任务，为古同村的发展做出积极贡献。"

退而不休　老有作为

——"五好"老干部王根志侧记

国网河南禹州市供电公司　陈春强

　　王根志同志今年已 73 岁了，他是原禹州市供电公司副总工程师，中共党员，高级工程师。在岗时，他兢兢业业工作，退休后，作为一个老干部，始终怀着对党、对人民的无比忠诚，时刻牢记党的宗旨，扎实开展工作，先后荣获"五好"老干部、先进党员等荣誉称号，他把自己的智慧和汗水全部倾注到了禹州电力事业的发展上。

牢记服务宗旨，打牢为党服务的根基

　　临近退休时，有人劝他，也该刀枪入库、马放南山了，快退休了，该休息休息了。而他反复思考，党培养了自己几十年，又具有丰富理论知识和电网建设实践经验，现在禹州市供电公司正如火如荼地进行农网改造和全市电网规划工作，自己身体还好，就要为电力事业多做贡献。在组织的安排下，他放弃了休息的想法，欣然接受了许昌供电公司工程监理的艰巨任务。

　　"我志愿加入中国共产党，拥护党的纲领，遵守党的章程，履行党员义务，执行党的决定，严守党的纪律，保守党的秘密，对党忠诚，积极工作，为共产主义奋斗终身，随时准备为党和人民牺牲一切。"王根志同志时刻把入党誓词牢记心中，带着对党的忠诚和为党服务的忠心，他又踏上了为党服务的道路。

打铁还要自身硬，只有提高自身素质才能胜任新的监理任务。带着执着信念，他整装出发，自费到省会郑州参加监理工程师培训。经过努力学习，各门课程相继通过社会统考，让他更加感知了监理的意义。为了整理好监理电子文件的编辑，他又自费购买了计算机和打印机，买来相关书籍，较系统地自学了计算机知识，上机实践文档制作技能。功夫不负有心人，经反复练习，他较好地掌握了打印、上网、发电子邮件技能，能顺利地编辑各个单项工程的监理电子文件包。日常，他经常关注公司电网建设情况，分析电网的合理布局，精心履行监理职责，为业主提供合理化意见和建议，他又自费购买了照相机，随时带在身边，一边监理，一边拍照，现场积累资料。他几乎每天都和基建部、施工单位同志交流农网改造工程进展情况、存在问题及解决方法，以便工程质量安全高效地推进。由于新技术、新设备的不断应用，他紧跟时代步伐，加强学习，不断更新自己的专业技术知识，为了弄懂一个问题，他不耻下问，直到问题弄明白为止。对监理中发现设计不合理的问题，他积极与设计人员沟通，及时变更设计方案，确保了工程建设进度和质量。

扬正气爱社会，积极参与社会扶贫救助活动

王根志同志每天参加完工程监理之余，在小区，他时常义务宣扬社会主义公德，大力弘扬正气，倡导文明之风，对婚丧嫁娶之事，力劝从简，从不大操大办。2005 年，他年事已高的老母亲病故，村上有人说偷偷土葬算了，他与哥哥们商议，最后按国家政策进行火化殡葬；儿子结婚，他只通知为数不多的亲戚、好友到场祝贺。在他的思想里，夕阳无限，人生有数，他从不参与酒场、赌场，他挂在嘴边的话就是"吃喝赌，那是浪费时光"；但凡关乎职工利益的事，他都会热心去办。他经常规劝职工走正规渠道，合情合规地解决问题，杜绝集体上访，聚众闹事。2008 年，汶川发生大地

震,他两次主动向灾区捐款共 5200 元,得到了郑州慈善总会颁发的捐赠证书。在他居住的单元楼里,邻里之间相互关爱和睦融洽;在他们家里成员中,平等相处,彼此尊重,鼓励积极向上。对自己的儿女,他教育他们努力学习,路靠自己走,他的一双儿女相继完成大学深造,成为社会有用之才。

加快提升素质,为禹州电力发展默默辛勤耕耘

作为禹州电力战线上的一名老资格工程技术人员,他深深体会到知识就是生产力,干技术工作必须要有科学文化知识,用知识来指导生产实践。

2000—2005 年,他先后多次到郑州工程学院和河南省电力勘测设计院协助编写禹州市"十一五"电力发展规划,为领导科学决策提供依据;他带领编写组人员到沁阳、西峡和淅川等供电局学习,历经半年,集体完成《2005—2010 年禹州电业志》编纂工作。2008 年,他又给多经企业电力知识培训班上课,把电力基本知识及基建经验毫无保留地传授给公司青工;通过培训的青工现已成为企业的骨干;他注意自身学习,不断更新知识结构,补充知识营养;他还熟练掌握变电站综合自动化理论和实践技能和监理的"四控制、两管理及一协调"技能。

王根志同志从事监理工作近十年来,先后监督管理了 110 千伏文殊、城郊、颍河、35 千伏程庄、顺店、杨庄等 20 多座变电工程及古灵、锦火、横芟等 10 多条 35 千伏线路和方山、白庙煤矿用户输变电工程等,经他整理的各工程监理文件受到所有业主的一致好评。

热爱锻炼增强素质,服务社会发挥余力

没有好身体,就不能好好工作。在繁忙的监理工作之余,他抽空主动参加体育健身活动。疾走、打太极拳、体验健身器材等方式,成了他的必练项目。目前,他已把太极拳 24 式、42 式、48 式打得比较娴熟。由于坚

持锻炼，他结识了不少老年朋友，既交流了感情，又增强了体质。体检证实，除血脂稍高外，其他指标均属正常。

在他的带领下，组织成立了老年太极拳队、老年门球队、老年舞蹈队。他组织向贫困党员捐献救助款，帮扶贫困职工走出了困境。他不仅自己锻炼了好身体，而且帮助身边人员锻炼身体，又帮助贫困人员走向脱贫之路。

积极参加活动，为公司发展建言献策

王根志同志退休后时刻牢记自己是一名共产党员，积极参加党组织的各项活动，按时缴纳党费。在建党九十周年之际，离退办党支部组成了40多名的离退休党员红歌演唱队，当时天气炎热，他积极参加排练，认真歌唱；在公司组织的红歌比赛中取得了优等奖。党的十八胜利召开后，他认真组织离退支部老党员参加学习党的十八大精神，利用各种场合积极宣传。他根据自己的经验，向公司提出了工程"安全、质量、进度、资金"四控制的合理化建议，得到了公司领导的重视和采纳，给公司带来了很好的经济效益，得到用户及公司职工的一致好评。

长期以来，王根志同志作为一名老党员，紧紧伴随时代的步伐，高扬老有所为的风帆，保持着共产党员的本色，退休不退岗，继续用辛勤和汗水为禹州电力事业奋斗，他老骥伏枥，为离退休党员干部做出了表率。

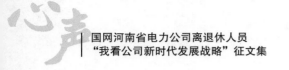

我眼中的改革开放四十年

国网三门峡供电公司　柳　莉

前几天在家整理旧物时，突然眼前一亮，发现了一台红灯牌收音机，不由勾起了我的回忆。记得三十七年前我结婚时，家里没有任何家用电器，通过朋友买了这台收音机，放在家里顿觉蓬荜生辉，以致后来有了电视机、冰箱、电脑……光阴荏苒，稍纵即逝，转眼近四十年过去了，我们自己的容颜变老，青丝花白，祖国也是日新月异，发生了翻天覆地的变化。

特别是 1978 年 12 月，从党的十一届三中全会开始实行对内改革、对外开放的政策以来，对我们最明显的影响莫过于"衣食住行"了。现在提到"三大件"，想必很多年轻人都不知道说的是什么。但是，在我们国家还未进行改革开放的时期，"三大件"可是很珍贵的定情礼物。在现代生活的人们一定无法想象，手表、自行车、收音机，这么简单、便宜的几样小工业制品会那么抢手。但是在那个年代，这都是很奢侈的物件，甚至当时大部分家庭都消费不起。

随着时间推移，到了二十世纪八九十年代，改革开放正是热火朝天的时期，"三大件"也随着改革开放的进行发生了质的变化，"冰箱、彩电、洗衣机"变成了结婚的必备。

到了今天，早些年的"三大件"早已不再提起，取而代之的是现代化的消费价值观，我们这一代也学会了上网购物，坐在家里就可以买到自己心仪的物品。

改革开放，只有四个字，它的意义却不能用语言来表达，一代人因它

而改变命运，一个城市因它而焕然一新，一个国家因它而文明富强。赞美改革开放四十年的丰硕成果，祖国，正日益强大；祖国，将迎来更加美好的明天！

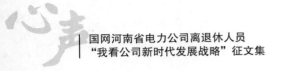
改革开放新变化

国网河南孟州市供电公司 杨 梅

"通过这么多年的改革发展，电力行业确实发生了翻天覆地的变化，特别是在近几年地方经济发展和脱贫攻坚工作中，电力部门起到了举足轻重的作用。"电网建设监理工程师陈树德激动地说。

党的十九大后，陈树德退而不休，仍然坚守在电网建设一线，他奔波于纵横交错的银线间，做好监理工作，为电网发展贡献自己的一份力量。

回忆起二十世纪八十年代，陈树德感慨万千："那时候我也是一名基层电力管理人员，电压不稳定，用电安全隐患大，老百姓看电视要晚上10点钟以后才勉强可以，小钢磨要等到凌晨两三点才能用。"

那时，他在孟州市槐树乡负责该乡龙台村的用电管理。作为曾经从事过农村电力管理的基层党员干部，在对电力事业有着特殊感情的同时，也对电力员工多了一份理解和支持。

"老百姓现在用电跟以前相比发生了翻天覆地的变化，电网改造全覆盖，真正实现了同网同价，用电安全、供电质量和供电可靠性直线提升"。陈树德说，用电问题对于农村来说是大事。当时，槐树乡大兴种植苹果树，苹果树生长需要稳定可靠的灌溉供电，经过国家农网改造和电网建设后，电压稳定了，供电可靠了，农民苹果得到了丰收。为了满足果农灌溉用电需求，孟州市供电公司还派出工作人员主动深入到苹果园区内服务，为果农搭建用电线路，保障果农灌溉用水。同时，了解客户用电需求，帮助客户安装开关、导线、插座等用电设施；并对果园内老化的线路、开关和破损的导

线进行更换和维护，确保农业灌溉设备运行正常。

陈树德说："作为一名老党员，要深入学习、深刻领会、认真把握党的十九大报告精神，踏实做好自己的工作，为孟州电力事业的发展作出自己的贡献。"

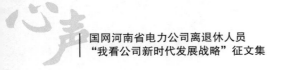

往 事 如 歌

河南送变电建设有限公司　李三成

伴着嘹亮的军歌，几位白发苍苍、胸前佩戴着无数勋章的老兵，精神矍铄、气宇轩昂地乘着战车接受军委主席习近平的检阅。这虽然是 2017 年中国大阅兵时的感人情景，却让我这个解放战争时就参加革命的老兵激动不已，老泪纵横。战争时期的蹉跎岁月和催人奋进的军歌不断萦绕在我的脑海。

唱着"革命军人个个要牢记，三大纪律八项要注意……"这首奋进的歌，我们部队在解放北京后，没有来得及休息就奔赴太原，投入到解放这座城市的战斗。

"军政全胜，解放战争必胜，全国城市都是我们的……"太原解放后，我们唱着战歌开赴兰州。马家山是通往兰州的咽喉之地，国民党军联合地方反动势力占住山头的制高点，拼死阻止我军进攻。解放军战士冒着枪林弹雨，有时还饿着肚子，一次次向敌人发动强攻，战斗打得异常惨烈。我和宣传队的战友们为了配合这场战役，一边努力做好宣传工作，一边征得老乡的理解，为浴血奋战的士兵们征集土豆。我们的努力极大增强了部队的战斗力。这次战斗敌我双方都有很大的伤亡，但最终还是以我军取胜而告结束。经过太原战役和兰州战役的考验，1948 年 8 月，我光荣地加入了中国共产党。

唱着"我们是为部队服务的文化战士……"，我们开始向宁夏进军。军队每到一处，我们宣传队的战士都通过各种方式宣传党的主张。记得部队来到六盘山下，我们的军歌和锣鼓声召来了很多村民，当他们了解到我们是当年的红军时，很多衣衫褴褛的老乡哭着拉住我们的手，深情地说："可把你们盼回来了！"原来他们中的很多人是当年红军路过时留下养伤的红军战士。我们泪流满面地告诉他们："解放军就是当年的红军，现在全国都要解放了，我们的好日子就要到了！"到宁夏后，基本上没有打仗，敌人只要一听说解放大军来了就闻风而逃，溃不成军。解放宁夏后，我们在当地开展了大生产运动，自己种菜种粮，尽量不给百姓增加负担，真是军爱民、民拥军，军民一心打敌人。

"雄赳赳气昂昂，跨过鸭绿江。"听从党中央调遣，我们唱着志愿军战歌，奔赴朝鲜，参加抗美援朝战争。到朝鲜后仗打得异常艰辛。记得临津江战役，上有敌人飞机轰炸，下有敌人的大炮阻击，我们冒着枪林弹雨，前仆后继强行渡江，直逼汉城……有时不禁回忆起战斗的岁月，有时又不忍回想血与火的洗礼，多少战友献出了自己宝贵的生命。正如歌词所唱："为什么战旗这样红，英雄的鲜血染红了它，为什么大地春常在，英雄的生命开鲜花。"

"锦绣河山美如画，祖国建设跨骏马……"朝鲜战争结束后，唱着大建设的歌，我听从党的安排，转业到了电力系统。当时，新中国刚刚成立，电力建设非常落后而艰辛。我们翻山越岭，风餐露宿，舍小家，顾大家，奋战在祖国的大江南北，为千家万户送去光明，无怨无悔地为祖国电力建设奋斗几十年。

"最美不过夕阳红，温馨又从容……"如今我离休了，享受晚年幸福生活。之所以是幸福生活，是改革开放给百姓带来的福祉。特别是十八大以来，"四个全面"让老同志分享到了民生改善的幸福，更加感到了中国共产党的伟大。中国距离实现"两个一百年"宏伟目标越来越近；从严治党，重拳治理腐败，政风、民风风清气正；国家信息化迅猛发展，"互联网＋"走进大众生活；高铁让人们出行更加便捷，越来越多的国民参加国内游、出国游；"一带一

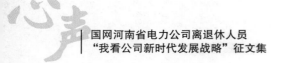
路"举世瞩目，世界"朋友圈"日渐扩大；离退休老同志退休金连年增长，老年人的生活逐年改善；领先世界的特高压建设，输送容量大、送电距离长，优化了环境资源配置，让电力人无上光荣和欣慰。

作为一名老党员、老革命，我们永远不能忘记过去的峥嵘岁月。要不忘初心，牢记使命，永远跟着共产党走，为实现中华民族伟大复兴的中国梦而奉献自己的余热。

战场上的耕牛队

国网许昌供电公司　李庚润

当年，在朝鲜战场上转运物资均以火车、汽车、马车、人力进行，我却亲身参加了极其独特的用耕牛转运物资的行动，之所以独特，因为这次行动具有唯一性、特殊性。

1951年4月，中国人民志愿军和朝鲜人民军经过87天英勇奋战，胜利结束第四次战役，共歼敌七万余人。

2月初，部队首长指派由团部汤管理员负责，宣传队四名"小鬼"和炊事员老王组成留守小分队，在临津江附近的全谷里看管部队的留守物资。

4月中旬，敌机活动很频繁。我们看到在灰蒙蒙的晨雾里，友军正挥动着铁锹在两侧山头上修工事。友军的行动预示着战地的变化。因信息闭塞，大家请留守分队最高指挥官汤管理员去友军询问情况。结果一问吓一跳，这里真的要打仗了。战争中敌情我情千变万化，汤管理员根据战地处境当机立断，决定当晚向北转移，以保障留守物资的安全。他要求我们每两个人一组找一头耕牛，托运物资，军情紧急，分头完成。

我与小王一组。小王有高中学历，故称"秀才"。我俩连找数家，因各种原因未果，真急人！后又走进一家金姓人家，是位军属，非常热情，一说即成。我们回到驻地时，另两头耕牛已整装待发。我们把两只大木箱绑在牛背两侧，再放上背包、米袋，自己带好武器、挂包、水壶。约晚九时许，耕牛运输小分队顺着崎岖山路匆匆出发了。

上半夜天很凉，星空稀薄。转过一道山弯后，变得江风猛烈，雾气沉沉。

我们顺着临津江这段高低不平的沿江公路缓慢而行。因为有的地段已被破坏,挖有防坦克深沟,需绕道而行。汤管理员把我们军民每三人分为一组,以前中后队形行进,拉开距离,相互关照,做到"安全快捷"。三位朝鲜老乡非常配合,令行禁止,走停自如。

江南岸敌人的远程探照灯交叉着在夜空中回荡。午夜时分,远望铁原方向一片火海,天上悬挂着一串串照明弹,敌机正在那里不断轰炸,封锁道路。加上敌人炮兵阵地不时射出的远程炮弹,企图将铁原一带形成巨大的拦阻火网。汤管理员要求大家利用照明弹熄灭的空隙,拉大距离快速通过。凭借火光,运输小分队冲入火海地带。三头耕牛也似乎明白主人的处境,在朝鲜老乡的不断吆喝中,甩开四蹄,一路咆哮向前……爆炸声、火光、坑坑洼洼的地段被甩到脚后。偶尔会听到几声枪响,这是防空警戒哨让汽车司机熄灯的报警信号。最终,耕牛运输小分队勇敢、安全地冲过了火网封锁线。大家吊在心里的石头总算落了地,回头望一串串的"天灯",敌机又在铁原上空转悠了。大家正急进时,前方传来"停止前进"的口令。原来路上有个很大的弹坑,截断了公路……

在朝鲜战场上是没有前方和后方的,血与火的较量无处不在,而且战斗任务也没有一刻的间歇。我们小分队第二天四点多起床,饭后,大家带上耕牛立即向山坡上疏散隐蔽。白天休息,夜间行军。

约下午三时许,来了四架 P-51 野马式战斗机,在村子和山头周围旋转后,对着村子和山头穿梭式地由南向北两个方向进行俯冲轰炸,发射火箭弹。我突然看到朝鲜老乡金哲男还在一块毫无隐蔽的山石下眺望,这太危险了!我一边大喊:"到这边来!"一边以迅雷不及掩耳之势,飞快地把小金拉到山坡边的临时防空洞隐蔽。待敌机走后,我们下了山,半途看见炊事员老王蹒跚而来,他因收拾炊具未及时防空,臀部受伤。虽用纱布缠裹了伤口,但鲜血还是从纱布里渗出。因为他不能随队行军,我们把他送到附近一处野战医院。天黑下来，吃过饭后，当晚我们夜行军六十余里，在山脚下一个村庄宿营。

翌日拂晓，春寒料峭，冷雨不停歇地飘洒着，雨点落在茂密的栗树林叶上，发出噼噼啪啪的响声。汤管理员决定白天赶路，他说："虽然淋雨，但没有敌机骚扰，是我们的机会。"大家用雨布盖好木箱，身着雨衣，立即开拔。在朝鲜战场上，白天行军的事是少有的。公路上也很热闹，真是摩肩接踵，时而有炮车、汽车、兵车迅速奔行。虽是冒雨行军，但大家非常惬意。小金还为大家边走边唱朝鲜民歌《道拉及》《阿里郎》等，我们也唱了《东方红》《解放军进行曲》……雨越下越大，沉闷的春雷隆隆不断，进出一道道闪电，瓢泼大雨席卷着经历战火的大地，给此时此刻我们这支奔走的耕牛运输小分队带来无法想象的困难。大家相互鼓励着，在倾盆大雨中一步一滑地踩着泥泞不平的道路跋涉着。

下了公路，走过两座山梁，拐过一处洼地，直奔团部驻地。虽然大家被雨水淋得湿漉漉的，精疲力竭，但看到久别的首长和战友，心情仍然非常激动和高兴。当首长和同志们看到留守小分队冒雨用耕牛把文件物品驮运回来，非常高兴。政委马绪东热情地同大家握手表示慰问，并向朝鲜老乡说："感谢朝鲜同志对志愿军的帮助！"民运股的同志按规定为老乡们发放酬金、物品，安排他们返乡。

当日下午，宣传队在后山坡草地上组织了战地重逢联欢会，刘彭泉队长表扬了四名"小鬼"勇敢、机智、灵活、圆满地完成任务，战友们畅谈别后的战斗生活。几位战友还表演了自己的"绝活"，联欢会在锣鼓声、自制乐器的演奏声中达到了高潮。"雄赳赳，气昂昂，跨过鸭绿江……"充满激情的嘹亮歌声，同山泉流水、雀鸟鸣翠交织成一首大自然的和谐战歌，在山谷中回荡。

八十八岁抒怀

河南送变电建设有限公司　　张　健

岁月荏苒，转眼我已八十八周岁了，每当想到这里，心中总是涌起无限感慨。

1944年7月，我在老家河北蓟县参加了八路军，从此走上了革命道路，经历了抗日战争和解放战争艰苦卓绝的战斗洗礼，迎来了新中国的诞生。回到人民手中的祖国千疮百孔，百废待兴，为建设新中国，我发奋学习，克服学习差、已有三个孩子的困难，1954年通过自学考上了中国人民大学工业经济系。1958年毕业分配到河南电力系统工作，至今已有六十余年。

难忘初到刚刚投入生产一年的郑州热电厂，厂区到生活区只有一条马路，各项管理制度不健全，我从财务科长、生计科长干起，1961年升为副厂长，分管经营管理工作，一干就是二十年。在这期间建立健全了从班组八大员到各级领导的生产责任制和各项管理制度并印制成册。老工人评价我"会管厂不会管家"，对老人"活着孝顺死了不孝顺"。该话是指我母亲1971年病故时，当天我就把老人火化了。原因一是当时生产任务重，容不得多耽误时间影响生产；二是当时推行殡葬改革，土葬改火葬阻力很大，作为领导干部我应该带头响应。

电力修造厂是一个连续几年亏损的单位，管理混乱，人心涣散，"文革"后厂区一片荒芜，破败不堪。1977年年底，我被省局委派到该厂担任党委副书记兼副厂长。上任后我就到处找活，承揽业务。电建一公司、电建二公司及全省各地只要能揽到的活我都去跑，第一年就扭亏增盈，连续两年保持盈利，省电力局余任之局长夸奖我是穆桂英式的好干部。

1982年年底，我退居二线成为调研员。这时送变电公司计划筹建镀锌厂，以求解决河南铁塔供应短缺和镀锌难的问题，石富荣经理知道我在鞍山市工作过，人脉关系好，就委派我去筹建镀锌厂。上任伊始，我带人到鞍山铁塔厂、镀锌厂实地考察学习，了解掌握生产流程和管理经验，搜集图纸和相关资料，回来后带领全厂上下从领导到工程技术人员、工厂师傅自己设计，自己施工建起了镀锌厂。为早日投产，我又到鞍钢订购镀锌锅，找熟人挖门路、促生产、调车皮，直至设备如期到位投入生产，前后用了半年时间，结束了铁塔件到外地镀锌费时费力、成本高的历史，为河南电力建设做出了积极贡献，在此期间，我的高级经济师职称也批了下来，我倍感珍惜。

1984年7月离休后，省审计局李成炎局长聘请我到审计局审计事务所任智力开发部经理。那时审计局刚成立不久，审计专业人才匮乏，我负责与郑州大学联合举办了第一期审计干部大专班。我从中国人民大学、天津财经大学搜集教材，从郑州大学、省财经学院请来专家教授给学员们上课。之后相继在洛阳、开封、新乡设立函授站，从师资配备、制订教学计划，到挑选教学地点，我亲力亲为，为河南培养了第一批380多名急需的审计干部。在审计局工作期间我被评为高级审计师，被省老龄委授予"关心下一代"先进个人称号。

1990年，河南省电力企协白玉龙会长聘请我回到电力企协工作，任调研部副部长。工作期间协同咨询部对全省电力行业所属单位进行企业管理情况咨询与调研，写过多篇调研论文，其中《关于发电企业实施两分离的调查报告》一文荣获河南省企业协会优秀论文一等奖，这篇论文同时还刊登在中国电力、华中电力及河南电力企业管理杂志上。随着改革开放，企业从计划经济走向市场经济，2000年电力企协改为电力行业联合会，我也

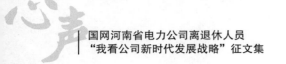

从工作岗位上退了下来，这年我 72 岁。

离开奋斗大半辈子的工作岗位，虽有许多留恋和不舍，但我对经历过的种种磨砺和成绩感到满意和感激，对新的生活充满了期许。党和国家给了我无微不至的关怀，政治上、生活上、医疗保健上都有具体的保障和安排。抗日战争胜利六十周年，国家授予我抗日老战士一枚勋章；抗日战争胜利七十周年，国家又授予我抗日老战士一枚勋章。我两次被省电力公司领导接见，当省公司领导代表党中央亲自将珍贵的勋章佩戴在我的胸前时，我激动万分，感到无比光荣和自豪。祖国强盛，人民幸福，公司强大，我们受益，离退休老同志受到的关怀最多。公司给我们订有报刊杂志，各种补贴不断提高，医疗费全部报销，每年春节，公司领导还亲自登门慰问，我们感到很幸福。

我居住的环境优雅舒适，活动场所宽敞，健身场所也很多，为强健身体，我组织一帮老同志们每天清晨聚在一起做"回春医疗保健操"，领导知道后给我们买来了播放设备，我们每天坚持锻炼，七年如一日，至今没有间断。我们这些八旬以上的老人边做操边聊天，从国内外大事、公司最新动态到社会热点、柴米油盐无所不谈。公司举办的运动会和趣味活动，我也踊跃参加，干部例会上我们交流学习心得，身体得到了锻炼，思想也很愉悦，我们感到很幸福。

如今我是四世同堂，儿孙事业有成，家庭和睦美满，这都得益于党的政策好，我们老有所依、老有所乐、老有所学、老有所为，我感谢党和国家，感谢公司各级领导，感谢和谐社会。习总书记为我们国家描绘出宏伟蓝图，共筑伟大的中国。我要努力做健康老人，祝福我们的国家繁荣昌盛，迎接更加美好的明天。

重 阳 怀 旧

国网三门峡供电公司　张晓凛

岁岁重阳,今又重阳,秋风送爽果飘香,思亲怀旧念故乡,儿时幸福影像涌心上……

那是一座刚刚乔迁的宽敞的大院落,满满地栽着小小的果树苗……记得院里除了不同品种的苹果树,另外还有梨树、杏树、桃树、樱桃树、枣树等。院落在村庄外 1 里处,田园风光好不惬意。

小果树们伴着我们慢慢成长着。春天来临,满院子各种果树花儿怒放,清香扑鼻,蜜蜂蝴蝶飞舞着、吟唱着,我们兄弟姐妹几个在母亲刚扫过的又白又光的院子里、树荫下追打着、嬉闹着,好一幅美伦美妙的童子果园图!

20 世纪 60 年代初,人们的生活水平大都仅仅维持在温饱线上,可在我的记忆深处,感到自己已是那个年代最幸福的孩子。

花儿开始败了,小果子们慢慢开始露头,淘气的我们便开始品尝果子,不管是酸是涩,个个吃得津津有味。就这样果子一天天长着,我们不停地偷吃着。为摘果子,有时甚至将树枝折断,直到小胳膊够不着了,才停止对果子的偷袭,也只能到这个时候,剩余在树梢上的果子才能幸运地长到真正的成熟。成熟的果子被母亲摘下,藏进一个大木箱子里。冬天的夜晚,母亲高兴时,便会打开装苹果的箱子。每当此时,那香气弥漫着整个屋子,母亲拿出几个青香蕉苹果,便开始给我们兄弟姐妹分吃。那场景到现在还依然深深地刻在我的脑海里,越老记忆越清晰……

随着时光的流逝,我们兄弟姐妹们一个个长大成人,成家立业,远离家乡，远离父母。当自己为人父、为人母，将无私的爱又倾注给我们的下一代时，曾经享用过的父爱母爱才在恍然大悟中体味到。不是么？父母栽种的果树，为啥那么的全？就单单苹果树，还分什么粉玉的、金冠、青香蕉几个品种。因为这三种苹果，成熟季节不同，粉玉是麦收时就可以吃，金冠是夏天成熟的，青香蕉则是秋天才可以吃的。父母这样安排，是尽可能地想让孩子们在不同季节里都有水果吃。父母一向是对我们严厉的，可在我们不停地偷摘果子吃时，为啥装作不理不问？那个年代，人们生活拮据，我们家当然也不例外，但父母始终也没舍得将院子的各种水果拿出去变卖，还是留着给自己的孩子吃。答案一直到了我们长大成人后，才各自悟出其中缘由：是爱，是父辈对子女深深的爱。

如今，宽敞的老院还在，满院子的果树却早已没了踪影，院子里我们那可亲可敬的父母也都双双离开了人世……眼下，随着人们生活水平不断提高，市场上各种水果更是琳琅满目，可是即使走遍东西南北，尝遍天涯海角，就是找不着当年我们"老院"里的美景，尝不到"老院"里水果的味道，因为那是家的味道，是世间独一无二的父母的味道……

在亲情世界里，每一个孩子都是父母的心头肉，都是父母的手指头。遗憾的是，往往等到了知道"子欲孝"、想要报答"三春晖"的时候，却已是"亲不待"的悲痛与悔恨。羊有跪乳之情，鸦有反哺之义，而人更应有尽孝之念。人世间最最幸福的事，就是有父母的陪伴，要想将来不后悔莫及，趁着父母健在时，要从身边的小事做起，感恩父母，关爱父母。百善孝为先，报答"三春晖"。

过 年

国网郑州供电公司　袁万良

春节又要到了，每逢这个时候，儿时过春节的情景就犹在眼前。

记得五六岁时，刚到农历十一月，父母亲就开始张罗过春节的事了。父亲平时辛苦地工作劳动攒钱，一入年关，就赶集买几斤肉、几斤豆腐、十余斤菜、一小捆干蔗、两挂 500 头的鞭和 50 枚炮，还有几张年画和写春联的红纸。母亲和大姑（姑父早逝，大姑一直和我们生活在一起）把春秋两季夜晚纺花织布备好的衣鞋料拿出来，整日整晚给我们姊妹做鞋、缝衣服。腊月之前，家人过春节的新衣、新鞋都准备齐全了。腊月二十三，妈妈告诉我，今天是小年，要祭灶。她一大早就把老灶爷的年画端正地贴在灶案墙壁上，前面摆上两份贡品，再点燃三炷香，恭敬地拜三下，插在灶爷画前的香炉内。腊月二十四，按照妈妈的吩咐，我们就认真地把窑内、房内全部打扫擦洗地干干净净。腊月二十五和二十六，不少人家都磨豆点豆腐，不做豆腐的就割块豆腐拿回家。腊月二十七，妈妈一个个给我们哥儿几个剃头，晚上烧一大锅热水，让我们把脚洗干净。腊月二十八和二十九两天，大姑和母亲忙着发面，蒸几笼馍、花卷、豆包，还炸些丸子、菜角等。大年三十，母亲和大姑就不停手地剁肉、剁菜、盘饺子馅，父亲则领着我们用热水把旧的对子刮掉，把门框擦干净，把新的对联贴好，然后放鞭炮，以示开始过大年了。我印象最深的是除夕晚上，妈妈点燃几支红蜡烛，分别放在窑内前后左右的位置上，火红的蜡烛、橘黄的火苗，通亮的窑内是那样的温暖和吉祥。

　　大年初一的凌晨五六点钟，是春节最热闹的时刻。一到五点，随着一挂长鞭引响，一家家的鞭炮就一阵紧似一阵地炸响开来，整个山村都弥漫在爆竹声中。我和近邻的小同伴蜂拥似的跑向放鞭的人家门前，争抢那些哑火的鞭炮。在急风暴雨般的鞭炮过后，我们回到家中，母亲把精心制作的新衣、新帽、新鞋拿出来让我们换好，又把一碗碗只有春节才能吃上的饺子端到我们面前。吃过饺子，家家户户大人小孩都笑容灿烂地走出家门，亲切地打招呼互祝新年。初升的朝阳下，春联那样的红，新衣那样的艳，笑脸那样的美，民情那样的醇。

　　初一最热闹的是篮球比赛和唱戏。从城里回来的青年和村里的青年组成队，相约几支外村的篮球队在一起捉对竞赛角逐冠军。吃过大年的饺子，奶奶、妈妈辈的都在家忙着熬制烩菜、煮大米汤、热馍。青壮男女和少年儿童则像赶庙会似的结伴群行聚到篮球场，把比赛场围得水泄不通，喝彩声、助威声如雷贯耳，那阵势绝不逊色 CBA 比赛的场面。初一也不是年年都有戏看，只是年成好时大队才组织排戏唱戏。大约在 1963 年吧，乡亲们刚从饥饿中挺过来，大队提前三个月组建剧团，天天排戏。那年初一的夜晚，全村 2000 人敞门而出，聚集在大操场上。高大宽敞的戏台彩旗飘飞，台下人头攒动、激情高涨。锣鼓齐鸣、大戏开场，板胡婉扬、司鼓点翠、梆子脆响，乡亲们静神观戏、闻悲泣泪、见恶责骂、逢喜击掌，戏终曲尽仍不舍离场。

　　最让人高兴的仍是大年的饭菜。早饭的饺子、午饭和晚饭都是雪白的大蒸馍和猪肉大白菜红萝卜粉条豆面丸子烩菜。六七岁的我每顿竟能吃两个大蒸馍和一大碗烩菜。初三以后，饺子没有了，大白蒸馍变成了黑白面相掺的花卷，再往后，就只有玉米面窝头和红薯了。为此我还抱怨母亲："过年哩，还吃黑馍！"母亲对我说："家里穷，粮食不多，穷日子要调剂着过，不然日子就过掉底了。"

　　初二、初三是走亲戚的日子。到长辈亲戚家，都要给舅爷等磕头拜年，

但从不张口要压岁钱，因为妈妈告诉我，家家都穷，没有钱。只有在城里工作的叔呀婶呀哥呀回家过年，他们才会给5毛以下的压岁钱，有一年我得到了1.5元的压岁钱，真把我高兴坏了。

初五过后，大人们都开始下地干活，小孩们也背起书包上学。看着春节的喜庆褪去，童心的我不免有些失落。妈妈告诉我，春节过了，还有正月十五的元宵节吃元宵、蒸花馍、挂红灯、打灯笼，到二月二龙抬头，春节才算真正过完了。想着年年都有春节过，一年会比一年好，慢慢的，我也就心归自然，只是企盼着下年春节快点来。

童年的春节就是这样过的，虽然清贫，但却亲切、温馨、吉祥、快乐。如今步入老年的我，更加眷念那昔日的红红火火，更加感受到父母亲和大姑用艰辛为我创造的快乐，更加珍爱那浓重的、纯朴的家亲乡情和国爱。

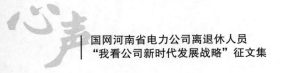

喜说身边新变化

国网河南博爱县供电公司　李振福

作为一名 50 后，我们这代人经历了三年自然灾害、"文化大革命"、改革开放，见证了我们伟大祖国由穷到富、由弱到强的艰难历程，这些年，中国城乡、社会发生了翻天覆地的变化。特别是十九大召开以来，更多的变化就在身边悄然发生，让我忍不住想和大家分享。

小时候，对于吃什么没有什么讲究，能吃饱就不错了，至于零食、糖果更是一种奢望。今天，我们的物质生活已经极大地丰富了，菜场、超市、大卖场中，琳琅满目的食品应有尽有。人们对于吃的要求也越来越高，不仅要吃好，还要吃得健康，科学卫生观念深入人心。人们讲究营养均衡，粗细搭配，口味清淡，要多吃蔬菜水果，少吃高脂肪、高胆固醇的食物。以前因粮食不够用来充饥的野菜、粗粮，如今却成为餐桌上的抢手货。几十年前，全国各地的饭馆都少得可怜，人们很少能尝到美味的饭菜。那个年代，吃的问题一直困扰国人。在温饱无忧的今天，人们发愁的是在众多的饭馆里选哪家，以及吃什么。

小时候，人们对衣着不太讲究，只求整洁、暖和。衣服的颜色也很单调，男式服装就是或绿或蓝或黑，款式几乎是清一色的中山装；女式服装就是红色为主色调，如果带有牡丹或者菊花纹路，那就算时尚了。改革开放初期，商品还比较短缺，买一件"的确良"要托人到城市去买。而今，人们的衣服不仅要求整洁，更要求款式和品牌。出席公务活动时，穿上正装，戴个领带，平时的穿着也要求合身舒适，现在每家衣橱柜里的衣服多得可以进

200

行时装表演。现在大街上人们衣着整洁时尚，不失为一道风景。

小时候，我们几代人挤在一个大杂院里，房子内部很少有装修，只有床、桌子、椅子等基本家具。随着生活水平的日益提高，农民们家家户户都盖起了新楼，城市居民更是从以前的平房转变成现在的小高层、复式住宅。二十世纪七八十年代，城市居民日常生活离不开的缝纫机、黑白电视机、自行车等"老三件"，如今都已换上了高档的家用电器，空调、彩电、冰箱、洗衣机等现代家用电器一应俱全。现在，农村新型的住宅社区拔地而起，拥有电梯的楼房鳞次栉比，犹如一座新城。这些楼房都被统一规划外观，有了统一的色彩，统一的绿化。一大批农民走出没有厨房、厕所，没有上下水道的老房子，搬进房屋质量有保障、小区环境优美、购物交通方便的新楼房。装修也成为热点，风格多样的装修丰富了我们的生活，也体现了人们生活品位的提高。

以前出门都是依靠"11 路汽车"双腿，我上班以后，才买了第一辆"永久"牌自行车，这在当时已经算不错的了。几年后，我又买了一辆摩托车，出行便捷多了。随着年龄的增大，又买上了一辆小轿车，也加入了有车一族。代步车从旧自行车升级到小轿车，我连做梦都想不到。现如今，人们上班、出行的交通工具更是多种多样，近途有自行车、电动车、摩托车、公交车、私家车，出远门有汽车、动车、高铁，天上有飞机，水路有轮船，可随意挑选，大大缩短了旅途时间，时时处处让人感受到方便快捷。特别是这两年共享单车也走进了我们的生活，共享单车在"尾气零排放"的同时，也促进了私家车出行数量降低，减少了碳排放。不仅如此，人们的交通观念也大为转变，翻栏杆、闯红灯的现象慢慢绝迹，遵守交通规则，机动车主动礼让行人蔚然成风。

另外，假日旅游增多，国内游、出国游开始由观光型走向休闲度假型，并且出境旅游变得越来越平民化，选择也越来越多，而且走马观花式的旅

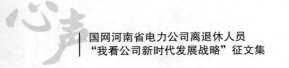

游已越来越不能满足游客的需求，个性化旅游在悄然升温，人们放松心情度假，开始真正享受旅游带来的乐趣。

以前，广大的农村百姓不知电话为何物。现在一个人几部手机或一部手机几个号。

以前出远门，父母叮咛是"一定要写信来"；后来，离别的嘱托变成"常打电话"；如今，短信、QQ，特别是微信的出现更是让"天涯若比邻"成为现实。

以前购物都是现金交易，如今不仅是购物，从餐饮到医院挂号再到公共缴费，几乎日常生活的全部领域都支持手机下单和支付。

以前，托人从外地买特产，托关系费时费力。现在网购让世界尽收眼底，连吃饭都可以叫外卖。

以前，舞蹈节目只有电视里才能看见，现在全民健身，大爷大妈们把广场舞跳到了世界各地。

以前，人们单纯追求经济效益不惜牺牲环境，现在我们既要绿水青山，也要金山银山；宁要绿水青山，不要金山银山；绿水青山就是金山银山。生态文明建设融入经济建设全过程。在我们的城市建设过程中，越来越重视环境创建和保护：各种人工湖、湿地公园、街心公园点缀着人们的生活。

这些衣食住行方面的变迁，是我切身的经历和感受，不仅彰显了家庭的兴旺，也折射了社会的进步，显示出国家的发展，预示着民族的未来。打心眼里感谢党的恩情，是党的好政策才让我们有了今天的好日子。我深信中华民族的伟大复兴必将实现，让我们共同投身见证这一辉煌时代吧！

老骥伏枥志千里

——记三门峡供电公司退休党员薛涵

国网三门峡供电公司　王爱群

2018 年 6 月 29 日，在三门峡市开发区向阳街道办事处庆祝建党 97 周年的文艺汇演上，各类文艺节目依次表演，精彩纷呈，中间穿插的颁奖环节更是让人感觉眼前一亮，聚神提气。在党员活动先进个人的表彰行列里，有一位腰杆笔挺、精神矍铄的老人格外引人注目，只见他面目和蔼，神采飞扬，目光中透着睿智与理性。那就是三门峡供电公司的退休干部、党员薛涵。

今年 72 岁的薛涵退休前是三门峡供电公司运行工区的副主任，思想积极进步，作风正派，工作勤勤恳恳，任劳任怨。2006 年退休后依然保持共产党员的理想信念，始终以一个优秀共产党员的标准要求自己，坚持退休不退岗，退休不褪色。

兴 趣 广 泛 进 大 学

三门峡供电公司老年大学创办伊始，薛涵就积极参加其中，他报名参加了书法班、绘画班的学习。每天上课的时候，薛涵早早就带上笔墨纸砚来到教室，认认真真听老师讲课，一笔一画跟着老师学习。由于过去在单位是技术干部，对于书法、绘画基本上属于"门外汉"，刚开始，他写的字像一堆横七竖八的小黑棍组合、画的画像一团大小不一的黑疙瘩列队，让人看不出个所以然，更是受到了老伴儿的诙谐打趣。老伴儿、孩子都劝他别再写写画画了，抱抱孙子、孙女，吃吃喝喝逛逛，享享清福就行。但不甘气馁的他却硬是暗下决心，发誓要啃下这块硬骨头，让自己的老年生活更加丰富多彩。于是，课堂上他认真听讲从不缺课，下课后他虚心请教、不耻下问，回家后他更是勤奋练习、笔耕不辍。毛笔用秃了，上街再买新的；宣纸用完了，再在网上成打购买；字帖翻烂了，书店再买新的。功夫不负有心人，由于他长期不断的努力学习，他的字和画都有了突飞猛进的进步，画画水平在班级里更是更胜一筹，经常在上课的时候被当做范本来讲解，得到了授课老师和同学们的一致好评。

参 与 党 员 活 动 中

三门峡开发区甘棠社区军干所党员活动中心位于市区黄河路西段，离薛涵的家较近，活动人员都是附近单位和社区的老党员、老同志。一次偶然的机会，薛涵来到甘棠社区军干所党员活动中心找老朋友高知俊聊天，了解到附近的许多老党员、老同志都在这里练书法、绘画，还给院里的孩子免费辅导作文和书法课程，薛涵动心了。他想：我现在身体还挺硬朗，也有一技之长干吗不加入到这个团体来，和大家一起写写字、画画画、力所能及地帮助一些有需求的人？说到做到，他第二天就早早来到党员活动中心和大家一起写字画画、学习交流。

党的十九大召开时，薛涵第一时间从电视里、网络中、报纸上把习近平总书记《决胜全面建成小康社会 夺取新时代中国特色社会主义伟大胜利》的报告搞懂吃透，在党员活动中心和大家一起学习、讲解，更是在街道办的安排下到附近的社区楼院和居民中多次开展十九大精神宣讲活动，力求把党在新时期的路线方针政策理解到位、宣传到位，让居民群众从身边的巨大变化中看到祖国的繁荣昌盛和日新月异的发展，同时也为自己是中国人而感到骄傲和自豪。

在闲暇时间，薛涵还经常利用微信平台发布一些时事新闻和正能量的文章，通过互联网向身边的人宣传党的路线方针政策和重大决策部署以及相关的规章制度等，让更多的人了解知晓国事民情。

民 事 调 解 来 帮 忙

社区管理工作是一项烦琐而复杂的事务，具有社区人员众多、工作覆盖面大，各种类型需求广泛等特点，各项工作包罗万象、千头万绪，然而民事纠纷调解工作更是因为难度大让人感到无从下手。社区"义务调解员"不仅需要具有渊博的法律法规知识、深厚的文化素质和修养，更需要拥有宽广无私、乐于奉献、热心公益事业的胸怀。以老党员高知俊、陈水洲、薛涵为首的甘棠社区军干所党员活动中心就责无旁贷地承担起了附近社区居民的民事调解工作，充当起了社区"义务调解员"，主要涉及调解邻里纠纷、家庭矛盾、物业管理等方面。

家住某小区的姚某因离异后的丈夫去世，留下一个未成年的女儿和一套房产，和婆婆因房产问题发生矛盾纠纷，闹得沸沸扬扬，邻里皆知。社区义务调解员和薛涵一起来到姚某家中，用专业的法律知识和中华民族尊老爱幼的传统美德去教育、感化她，从维护社会稳定到和谐家庭建设又到为孩子树立榜样等方面入手，动之以情、晓之以理，在大家的努力调解和认真做工作后，姚某终于和平与婆婆化解了矛盾。目前，社区义务调解员队伍共有固定成员近十人，已成功化解各类民事纠纷十余起，成为了化解民事纠纷、维护社会稳定最坚实可靠的"第一道安全防护线"。

社 区 工 作 要 争 先

作为一名老党员，作为一名社区公益事业的热心人，不论单位退休办有活动，还是街道办与社区有事，薛涵总是积极参加，从不落后。

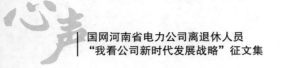

正月十五元宵节，街道上要举办"社区元宵节猜灯谜"活动，需要安排人写谜语。薛涵在接到通知后第二天一大早就带着笔墨与砚台来到街道办，他一个人就写下来一百多条谜语谜面，并兴致勃勃地参与到猜谜活动中。他说：虽然我年龄大了，只要能为大家做一些力所能及的事情，心里就感觉到特别高兴。

在家闲暇无事时，薛涵总是与老伴儿一起在家里做好后勤工作，为上班的儿子、媳妇带带孩子，做做饭，干干家务。他说咱们虽然老了，可不能给孩子们拖后腿，得给他们做好后勤保障工作，让他们好好为企业工作。如今，他的儿子和媳妇都在各自的工作岗位上成了优秀的骨干力量。

平常在小区里遛弯散步的时候，看到有的居民或者孩子不注意环境卫生和公共秩序，随意乱写乱画或有乱丢杂物等行为，他总是和颜悦色地给人摆事实、讲道理："小区是大家共同生活的家园，只有大家一起来守护和珍惜，才有我们美丽和谐的大家庭。"

正是有了许许多多像薛涵这样乐于付出和奉献的老同志，我们的企业和社会才有了繁荣与发展、温馨与和谐，于是才有了我们文章开头的一幕。作为一名央企退下来的老同志、老党员，薛涵总是保持着一种积极乐观、豁达开朗的态度对待人生。他总是说，是党和政府给了我们现在的美好生活，让我们老有所乐、老有所学、老有所养，我们一定要感恩党、感恩社会、感恩企业。

幸 福 抒 怀

国网焦作供电公司　王明君

今年，我年届七十岁。在四十年波澜壮阔的改革开放岁月里，我是亲历者，也是奋斗者。虽经历过艰苦与磨难，但也享受到了改革开放带来的丰硕成果。

今朝，新纪新贤谱新篇，改革开放跨入了新时代。文明华夏呈现出国强民富的繁荣景象，十三亿中华儿女正在拥抱小康。党的十八大以来，国家高举反腐利剑，真格"打虎拍蝇"惩腐吏，风清气正，政通人和；经济科学发展，跃为世界第二大经济体；国防科技攻关，进入了快车道；跨海不再惶恐惊涛骇浪，飞天不再畏惧高处不胜寒；阅兵雄阵，铁流滚滚驰地过，银鹰架架掠长空；三军勇士排方阵，十里长街走蛟龙；沙场点兵战车隆，大漠雄风气如虹；犹如东方雄狮吼声惊天地，龙吟四海震寰宇！真可谓：盛世伟业垂千古，万众齐颂不世功。我由衷地为万里江山披锦绣的伟大祖国而自豪，为日新月异发展的华夏神州高声点赞！

改革开放至今，国家越发根深叶茂，我与家庭沐浴着改革开放的春风，享用到丰衣足食的盛宴。不论是物质生活，还是精神生活，都充盈着和谐美满和天伦之乐。

人生犹如一年之四季，各有其不同美学价值，春有葱茏，夏有繁荣，秋有斑斓，冬有纯净。我虽步入暮年，失去了春日的艳丽，但拥有了金秋的丰硕。这"丰硕"体现在老有所学、老有所为、老有所乐之中。

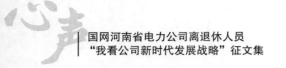

老 有 所 学

从岗位退下后，读书有了三个方面的优势。

一是摆脱了功利羁绊。避开了工作生涯中的种种压力和烦恼，可以悠然自得地攀登喜爱的书山，浸润钟爱的文史书海。

二是有了丰富的阅历。宋代诗人陆游诗云："纸上得来终觉浅，绝知此事要躬行"。可见，读书的效果与阅历深浅、实践的多少有着密切的关系。我赞同林语堂先生所说的"同一本书，同一读者，一时可读出一时之味道来"，就是说，不同年龄，不同阅历，读同一本书，体味会大相径庭。老年人读书，往往自然地融入诸多实践与思考，势必体会深，收益多。

三是时间充裕。岁月悠悠，人生苦短。读书欲求成效显著，必须日积月累，长期积淀，需有充裕时间，多读多积。年轻时，虽爱读书，但读的多为专业书，是应工作之需；虽爱写作，但写的多为专业论文及工作应用文，谈不上广泛阅读和阅读量。遗憾的是，无暇阅读自己喜爱的那些书。欲达"旧书不厌百回读，熟读深思子自知"的境界，更是一种奢望。而退休后，成了"时间富翁"，可以心无旁骛地神游于悠远而浩渺的古典文学中，阅读了《四书》、《五经》、四大名著、先秦诸子的名篇、《楚辞》名篇、《二十四史》中的《世家》与《传记》名篇、《唐诗》、《宋词》、《元曲》中的名篇等。

经多年日积月累，我的文学知识、史学水平不断提升，终于编著出约30万字的《历代诗、文、词名句选粹》一书。书中有说明、注释、译文和赏析。现已与出版社签约过出版合同，出版指日可待。

老 有 所 为

"莫道桑榆晚，为霞尚满天"。唐代诗人刘禹锡这两句诗，是激励我老当益壮、发挥余热的精神动力。多年来正因我发挥了点余热，被焦作市评为三位"老有所为代表"之一，受到焦作市委宣传部的表彰和奖励。

这些年，我应邀为焦作市 10 多家企事业单位宣讲过"三德"文化；应邀为焦作监狱 300 余名服刑人员宣讲过优秀道德文化和《弟子规》，教育他们认真接受改造，争取早日回归社会；应邀为焦作供电公司在职党支部书记讲授应用公文的写作常识；被聘请为焦作市"全民古诗词背诵大赛"活动点评嘉宾；在焦作市级报刊上发表文章 30 余篇。

老 有 所 乐

作为一个老者，最惬意的老有所乐，是游历向往的名胜之地，开阔眼界、愉悦身心。最近几年来，我先后游历了中华大地的诸多名胜古迹。

游历南京秦淮河，我懂得了杜牧诗中"商女不知亡国恨"中真正不知"亡国恨"的不是"商女"，而正是那些拿钱买唱，过着醉生梦死生活的达官显贵。

游了扬州，才知根本没有二十四桥，而是指一座桥上有二十四位美女歌妓，常于月夜吹箫歌唱于此，故有"二十四桥明月夜"之说。

到了苏州，解开了我多年的两个疑惑：一是"江枫渔火对愁眠"诗句中，诗人的"愁"是什么？二是"夜半钟声到客船"诗句，为什么寒山寺中半夜三更还有钟声？

由于改革开放，喜逢盛世，才有了我晚年的老有所学，老有所为，老有所乐，使我们这代老人，生活在安泰的政治环境中，现在我们医疗有保障，出行有老年免费乘车卡，上了车，还常有素男艳女知礼让座。他（她）们这些"善小而为"，都有力地彰显了改革开放社会公德的光辉。作为一个老年人，足矣！我理应向社会献余热，将爱心洒向人间。我要在晚年真正做到"七十而从心所欲不逾矩"。

最后，我以当代著名诗人郭小川的一首小诗作为本文的结尾和我晚年的座右铭。

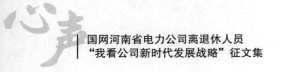

"春天的后面不是秋，

何必为年龄发愁？

只要在秋霜里结好你的果子，

又何必在春花面前害羞。"

走 进 美 术 馆

国网三门峡供电公司　阎军玲

微雨，薄凉，晨曦微透。

五点半，一众学员准时集中在预定地点，乘车开往目的地——郑州，去观摩河南省第二十三届新人新作画展。虽然我是一名仅仅上过梁老师四次课，之前零基础，连毛笔都不会握的新学员，但为了开阔眼界增长见识，不想错过这次难得的学习机会，于是，积极报名参加这次活动，而实践证明我的决定是多么正确。

本次展出的中国画作品有 1600 多幅，作品风格丰富多样，作者从各自不同的视角反映时代、感悟生活、关注民生、关爱自然，以不同的创作理念、创作方法、审美情趣来体现对艺术的追求与探索。无疑，是梁楷老师促成了这次行程。这位毕业于河南大学美术学院、科班出身的专业画家，虽然年轻，却已在书法及国画方面都颇有成就，大小奖项获奖无数，享誉省内外乃至全国，他那淳朴、善良、阳光、积极、真诚、谦逊、幽默、风趣、俏皮的人格魅力，赢得大家的一致尊重和喜爱，不知不觉间就消除了师生之间的紧张和隔阂，感觉他就如自家兄弟般的平易近人。至于我本人，因他一句"要敬畏艺术"而顿生惭愧之心，从而去重新认真审视艺术的价值，更因他常说的"绘画终极水平的境界、高度和突破，是由人品、学识、修养等画外功夫决定的"而钦佩赞赏不已！

中巴车几乎坐满，十五个人在梁老师的带领下互动良好，三个半小时的车程并不觉得漫长，大家由陌生逐渐变得相熟，气氛融洽，欢声笑语不断，心情轻松而愉悦。在观摩的过程中,梁老师对照作品为我们现场讲解有代表性的画作,使我们在构思作品的画理、立意、用墨、勾染、色彩、明暗对比等方面都大受启发。本次参展的作品中,有十几幅作品都是此次同去的梁楷老师的学生所创,他们相互分享创作经验和心得体会,也对我们颇有启发。

上午观摩了郑州美术馆展出的画作,下午去了河南艺术中心美术馆,参观"二十世纪杰出的现实主义画家"李伯安的作品。伯安先生一生的岁月仅有五十四年,壮年而逝,令人扼腕叹息!这是一位用生命来创作的画家,他一生以画为伴,就连去世的时候都是在画案前!进到展厅,巨幅长卷令人震撼,动人心魄,画作以人物创作居多,每幅作品都有刀刻斧削的感觉,粗犷而雄健,体现出一种坚毅刚烈、不屈不挠的民族风骨和精神力量,那份厚重令人沉思……那才是一个画家所该担当的社会责任和使命!

龙 子 湖

国网河南林州市供电公司　杨军强

　　来到郑州，有两个地方一直想去看看：一个是郑东新区的龙子湖；另一个是航空港区的园博园（郑州国际园林博览会）。当我走出郑州高铁东站时，扑面而来的是高耸入云、通体蓝色、银饰镶面的豪华大厦。瞬时，一座新的大城市的概念猛然袭来。我的初衷有些动摇，在这心灵弥漫的层面中，是龙子湖、园博园显重？还是活泼的、激扬的那些现代化城市因子显重？龙子湖，我敬仰的水，我心中的神，我渴望朝拜的天堂，这次郑州之行，我是否能够见到您，并如愿以偿，真是忧心忡忡。走在城市宽阔的林荫带里，携带着北部山区的草香，释放着山区才有的大自然特别的气息，那种郑州独特的蓝天白云、湿地草甸、园林湖泊、花墙碧瓦又会呈献出什么模样的个性呢？到心仪之地就会有凭借、就会有依托，我调整自己的行程安排，还是要到久久仰慕、牵肠挂肚的龙子湖畔观光问经。

　　对我，接近龙子湖可不是一件容易的事。龙子湖的来龙去脉还真需弄个水落石出。踌躇一时，就会落后一生。我漫游在龙子湖周边，干净明了的龙子湖，葱葱郁郁的龙子湖，映射光芒的龙子湖像是在启发着我。何不率先给龙子湖画个像，下个定义呢？龙子湖就是深宫之闺秀，藤架落幽雨。亘古岁月，悠悠中华五千年文明史，身为龙的传人，开拓龙的奇迹，弘扬龙的精神，我们是龙的子孙后嗣，脱口龙子湖，香水宝地，天经地义，顺理成章。与龙子湖南门一位园工聊起，他是本地人，对龙子湖，他说他认识。二十世纪九十年代，龙子湖还是一个普通的水池。一片水面，一个个散落的鱼塘。后经政府修建、疏通、完善，才有了现代规模的龙子湖。行进在龙子湖延续的堤岸，听着老园工的描述，最初的龙子湖还是一个人工湖的轮廓渐渐在我脑际形成。也值！恰逢这样的大好年代，人间智慧，中原力量，龙子湖逐渐出落成一块闪光的"中原镜泊湖"，一位美丽漂亮的河洲姑娘，一言九鼎的城市市民，一张风行的壮丽的郑州国际名片，可歌可赞啊！

龙子湖生在郑州，闪烁在母亲河的怀抱，还真是一个宝地。我们了解到，好多人为了求得心灵上的安慰，会到湖边放生、求福祈祥。届时，人们选定好日期，将已备好的鱼、虾、鳖之类的信物用车带到湖边，放生放归，兑现自己的满腹衷情，一生坦然，偿还大自然一份心愿。放生之时，主人公嘴中会不停不断地吟唱，并随手将信物轻轻放入到湖面，那些铭记心间的追求和许诺：进城、买房、求婚、生子、升学、入职、做官、享乐都在一言一语中等待应验。这一真诚、美好、梦想、寄托也在这短短的时辰中庄严地完成。有一句话叫行好、得好、放好、走好、子孙不少，正是如此。但见，集体、公社、村组放养的鱼类水生，数量要多得多，几十斤，几百斤都有。按照湖区的明文规定，一旦入湖，都是严禁捕捞的，生命信仰的一些关键主题，在此都会受到精心保护，这便是真实的风水宝地，人间仙境吧。

在竖立的宣传栏中，我看出了龙子湖的起名缘由：龙子湖，名字取自"望子成龙"之意。它位于郑东新区龙子湖大学园区的魏河以南、东风渠以北，西距龙湖三公里之远，周长 9.2 公里。短短几句，龙子湖的贵姓大名，还是归根寄托在对莘莘学子的深情厚谊方面。龙子湖的确是一处广聚人脉的地方，在一片芦苇丛旁，郑州航院的周升山老师与家人正在游览，看到我对他急切求问，两人也就打破陌生感，并靠近说话。他对龙子湖的了解更全面、更权威，并保留了一位中国知识分子对郑州前途的深切关爱。他介绍到，从发展思路出发，郑州由西向东展开，与宋都开封古城对面相望，大有两城相连，融为一体的趋势。李克强总理主政河南之际，郑东新区的崛起就已确立了美好的蓝图。2015年9月，李克强总理在时任省委书记郭庚茂、省长谢伏瞻陪同下，又一次莅临郑东新区视察，踏上湖区美丽的土地。据悉，当初日本著名现代城市、工业设计大师黑川纪章在郑东新区"水域靓城"规划国际招标中一举中标，并赢得了几千万元设计费。只是黑川先生已病逝几年，悲哉惜哉。龙子湖建设期间，河南财经政法大学、河南农业大学、华北水利水电大学等几十所大学，依规划设计都落足入户郑东新区，依偎在龙子湖畔。市内的交通要道还有起名叫"博学路"的，一种文化气氛浓厚的文化名城氛围骤然升起。龙子湖也好阔气、涨灵气，真正成了名副其实的聚宝盆。

鸟语烟光里，人行草色中。陷落在城市群、宜居湖泊湿地，细揣一些观点，深知发展之重要。郑东新区的进步包容了社会方方面面的正能量，海涵了多个层级的聪明睿智，不能不说是一项千秋伟业。周老师讲，当年，郑州航院新建项目已经初定校址，为了体现集中办学特色，经过合作协商，科学调配，又由异地改址到了龙子湖身边，并把地皮款项进行了划转。龙子湖以博大的心胸，收纳着百万贤惠，吐放出世代精英。周升山老师热情细心，在我笔记本上给我画出了龙子湖的位置图，补充了很多情况。临别时，我们彼此互留了自己的工作单位、姓名、电话。他的为人师表，让我吃了一粒定心丸，受到了一次教化与熏陶。对龙子湖也有了初步的全新的概念。龙湖居东北，距CBD有五公里远，CBD正是如意湖所在地，其西南三公里便是娇秀龙子湖，三湖相连，再加蜿蜒有情的东风渠相牵手，自然天成，本无做作。现在又有承建码头，水面通航的管理，进一步完备设施，形成补源的循环的科学水系，定会成为河南构筑国家中心城市的亮点。龙子湖的名称在一定意义上是承龙湖而来。龙湖早，积水深，面积大，施恩广，其后的新兴湖泊自然是龙子湖无异了，真是一种丰富多彩的表述。

　　听君一席话，胜读十年书。漫步堤岸，清新的风和沁肺的花香相伴，新芦新竹吐芽，不时会有百日红树、紫荆花树碰到你的头顶，脚脖腿膝相随着麦墩草、玛琳草微微招摇，惹人喜爱。湖区鱼腥味十足，鸟叫声声，湖面的野鸭，水面浮划，留下一线明显的、簇拥不灭的波纹，很天然、很自然、很悠然。我很想说声：醉了！龙子湖，我心中的神！我人生之驿站！我不灭之梦境！细心登上一块湖石，拨弄着张扬的草鲜，撬动一丛芦苇。蹲下身来，窥得见湖里一尾一尾小鱼，追逐、觅食、跳动，摆尾或驻游，都是一幕一幕不常见的特写。湖底泛绿，紫虾毕现，游水恋草，形体灿烂。记得在上海豫园游玩，时不时溪流中会有大小不同、颜色相异，活力十足的花鱼拥跳到土埂上，翻打在你的脚面上，一不小心就会踩到活蹦乱跳的鱼身，很是尽情销魂。龙子湖有鱼，鱼群养生，湖平草深，也会跳跃出更彩更美的"年年有鱼"。真的，一些花草灵木，葳蕤瑞竹会牵挂你的手臂，弄湿你的衣裳，你仍会无厌地信步移出，把你的思绪整理，迷途知返，转回你相偕的小径。龙子湖羞色得本真，或有意地裸出带有本地本土特质气味的沃土层，碰到你的脚丫，追思一次朴素的超迈；抬起你的脚丫，感悟一次跨越的体量，回看一眼城市背景是巨龙奋飞的发展。我把这些耳闻目睹、真情感受叫作真正的"五体投地"吧。在龙子湖区，我还不经意地发现了多处树干上都悬挂着一具小灯笼似的笼子，它周身用塑料网孔布编织着，内有突起尖山一样的隔离网，并留有二分钱一样大的孔眼，当蚊虫受到下面小圆盘摆设的诱饵迷惑，向上飞越到网眼之内，就再也不会飞出，从而达到灭虫的目的。看到我走近树身查看了解，一位驾驶员从车上下来给我解释说，这是人类智慧的结晶，小小器具，简陋方便，却灭害功效齐全。看到这些实惠方便的装置，我内心更加崇拜那些守护龙子湖的管理者们，为了亮丽郑州，为了中原人文，身为凡夫俗子，他们用身手、挚爱营造了一点一滴的美好环境，一夜一天不灭星斗，有功。

唐朝，我国著名的文学家、哲学家、素有"诗豪"之称的刘禹锡在《陋室铭》中说："山不在高，有仙则名。水不在深，有龙则灵。"龙子湖拥有万千殷殷学子，巍峨大气学城，灵力饱满，青春彰显。相信，龙子湖所聚必信，所为必胜，所行必达，承载着水的智慧，靠河而居而生，靠学而繁而兴，东风劲吹，蓬勃有为，更新更美的郑州已经来临。

易 居 金 桥

——看我们的美好家园

国网许昌供电公司　崔云龙

金桥园小区是当年许昌供电公司在开展"电力架金桥，光明送万家"活动中应运而生得其名的。

它坐落在风景如画的许昌东城区。处于得天独厚的地理位置优势，凭栏眺望，可揽"靓丽三河"风光、欣赏"景观三带"风格、感悟"曹魏文化"氛围，四方美景尽收眼底。

它占地面积仅五十余亩，建九栋楼、住四百余户，堪称"袖珍小区"。

鸟瞰金桥园，它三面环水，宛如镌刻在半岛之中的一叶绿洲。许扶运河、学院河、清潩河曲折环绕，静静流淌。水的润泽、水的灵性、水的诗意平添了小区的旖旎风貌，形成了小区超凡脱俗的品位。

金桥园正门朝南。一条笔直宽阔的新兴东路在它的面前横贯东西，紧挨着"许扶运河文化公园"。许扶运河景观有"三带""三区"之说："三带"即纵向分布的南岸森林小火车景观带、许扶运河水上景观带和北岸滨水休闲景观带；"三区"即以学院路和魏武路为界，自西向东分布的汉风雅韵区、建安升平区和文治武功区。以三国曹魏文化为主题的三个区域，文化旅游看点颇多。

曹魏文化是许昌的文脉和灵魂，撇开大量的遗址遗迹和历史故事，让我们去尽情领略小区南大门前的"三带"风光。

"南岸森林小火车景观带"全长三千多米。工匠们将昔日的客运小火车

改造成了环保美观的轨道式电瓶车。从始发站登上小火车，缓慢行驶在一条郁郁葱葱的绿化带中，眼前林木幽深，耳畔啾啾鸟鸣，如同在原始丛林之中神游。在运河南岸东西两端及中部，还分设有四个站点，也是游船的渡口，通过这里，你可到达公园内任何一个地方。

若乘船水上观景，运河波光粼粼，碧水荡漾，水面自西向东逐渐开阔。放眼望去，游船来往穿梭，水上餐厅、凉亭华美气派，鸟儿盘旋其上，在此可赏景、可品茗、可垂钓……各得其乐。

若漫步在运河北岸滨水休闲区，景观带中的主题文化广场加上林带间隔景观小品的适当点缀，勾勒出一幅文化内涵丰富，景色优美怡人的美丽画面。在这里你可以畅享休闲、娱乐、美食、购物的快感。

若置身桂花林中，清浓悠长的香气袭人心怀，沁入肺腑，令人心旷神怡又魂牵梦萦。八月的桂花，比春桃华贵，比夏荷清新，是世上最朴实又最典雅的花，更是团圆美好的幸运符。有人说，香气浓郁的花"或清或浓，不能两兼"。然而，桂花却具有清浓两兼的特点，它清芬袭人，浓香远逸，它那独特的带有一丝甜蜜的幽香，总能把人带到美妙的世界。

绿化带里乔、灌、花、藤生长茂盛；繁花、绿叶、果实争相媲美。观赏"春日繁花似锦，夏日绿树成荫，秋日果盛叶红，冬日苍松傲立"的四季美景，是大自然赐予金桥人家的倾情钜惠。

运河的早晨，阳光透过云层，把光芒投射在平静的水面、岸边树林、亭台楼阁和运动场所，一切都显得别样的光鲜明亮。草坪上的绿草，花坛里的鲜花，在金灿灿的阳光映照下生机勃勃。小鸟也被唤醒了，它们一会儿在这棵树上叽叽喳喳地叫着，一会儿又扑扑楞楞地飞到那个五彩缤纷的花坛里。小区里爱好晨练的年轻人和老人们早早就起床到户外：他们有的在广场上做操、舞剑、打太极拳、练功夫扇；有的在运动场上打篮球、网球、羽毛球、乒乓球；有的在河边垂钓，有的在林荫道上奔跑。

　　运河的夜晚也更加迷人。站在汉风广场放眼向东望去，两岸的垂柳上披挂着五彩斑斓像翡翠般的小彩灯，古代宫灯、地灯、装饰灯等点缀着运河的夜景，把运河装扮得更加美丽动人。河面上不时有游船开过，荡漾起粼粼波光。劳累一天的人们三五成群地散聚在岸边，有的唱歌，有的唱戏，有的吹笛，有的拉弦……享受着一天最轻松美好的时光。

　　金桥园的东边比邻学院河游园。光是前进路与新兴路之间不到八百米这一段距离，就分布有五六个中小型健身场所和活动平台，还有三个儿童游乐园。每逢节假周休日，休假的职工或者是退休的老人就会带着孩子们，出东门来到丛林环抱中的儿童乐园，孩子们在大人的看护下尽情地嬉笑玩耍，或钻城堡，或爬滑梯，或坐鸭鸭，或荡秋千，或玩跷跷板……特别是夏天，沿着东岸的林荫栈道往北走不到两里路，便到了"水韵清扬"景观点。这里有备受孩子青睐的儿童戏水池，还有专供成人游泳的游泳场。孩子们中年龄稍大的学"狗刨爪"式游泳或扎堆在一起打水仗，年龄小的就滚水球、打水枪……

　　金桥园的西边是一条碧水盈盈的清潩河。"寻源直抵具茨山，细绕城隅碧一湾。最是雨余新涨后，银刀如雪跃波间。"这首清乾隆年间许州知州甄汝州所作的绝句，赞颂的是许昌古十景之一的"潩水潆洄"。在古时，流经市区的清潩河河道并非像现在这样笔直。它在城东的三里桥河湾村形成一个河湾，河湾处树木参天，绿水潆洄。

　　且不说清潩河上的一桥一景如何优美，只带你逛逛小区毗连的兴业路上的美食景观。当夜幕来临时，兴业路上跳跃炫目的霓虹灯把街上装点的绚丽多姿，一个接着一个的特色美食令人垂涎三尺。这里有酱肉包、大馅烧麦、卤肉火烧、烙馍卷菜、塌菜馍、老城烩面、胡辣汤；更有炸爆烧炒熘煮氽，涮蒸炖煨焖烩扒，炝腌冻糟醉烤熏。数不胜数的风味小吃和美味佳肴，琳琅满目的啤酒小菜，都会使你流连忘返。当然了，您要是朋友聚会或是招

220

待客人，那就去上点档次的御宴全驴、祥和居或是玉缘阁好了，包您经济实惠，好吃不贵。

这里是吃货们的天堂，这里是消遣者的福地。

从南门进入小区，迎面竖立着一幅大型电子屏幕，24字的社会主义核心价值观赫然入目。它时时刻刻激励着金桥人家的电业职工"心中始终有党，胸怀国家电网，立足河南电力，实现初心梦想。"

小区院内绿树成荫、百草丰茂、路灯林立、道路平整。树荫下的石凳上老人们或含饴弄孙，或抵掌而谈；凉亭里三五人围着石桌或对垒博弈，或品茗细酌；文娱室内爱好文艺的人们或引吭高歌或拨弦弄琴；小区院内辛勤的物业管理人员，或坚守门卫，或修枝剪草，或擦洗保洁，或巡视检查；更有些老人得益于二孩落地，"迫使"他们从"竹林之战"（玩麻将牌）的阵地上"撤退"下来，"重整旗鼓"，继续为奋斗在电力职场上的子女们精心"执掌后勤"……

伴随着许昌东城区人文环境的不断提升，金桥园小区的环境面貌和服务管理也在逐步改观：语音电动升降杆和门禁卡的启用，仅一句"一路顺风""欢迎光临"的简单礼貌用语，就给人们增添了一份安全感和温馨感；对小区停车位的改造和统一就近分配，改变了过去乱停乱放、有车无处放等混乱现象；合理分布的几十个充电桩的安装使用，有效地规范了用电秩序，保证了用电安全。

如今的金桥园安定和谐，善孝风靡，环境宜人，精致宜居。

赘述至此，是否应将此拙作原来的标题"易居金桥"更名为"宜居金桥"呢？

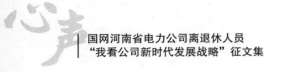

新时代乡村巨变

国网河南电力技能培训中心　赵国建

　　我叫赵国建，是国网河南电力技能培训中心的一名退休教师。我老家是新郑市的一个不起眼的小村庄，村里有一位退休的乡村教师，他叫高山。我俩既是发小又是同学。每次我回老家，他总是让我到他家坐一坐，谈一谈。今年五一过后，我回家又碰上了他。他带着喜悦的心情邀我到他家坐坐，聊聊天。随即我就答应了他的热情邀请。我到他家，寒暄过后，他就对我说："今天我要给你谈谈改革开放以来，特别是近几年来，农村的巨大变化。"并说："下次如果回来，请你这个城里人，谈谈城市的变化，谈谈国家电网公司的变化。"我说："好哇！那你就开始说说农村的巨大变化吧！"

　　他不紧不慢地从十八大、十九大以来，谈了农业、农村、农民的新变化。

思想观念革故鼎新

　　他说："当今的农民，对日益增长的美好生活的需要，替代了过去的对物质文化的需要。新时代不仅追求物质生活、文化生活，还要追求更高层次的美好生活。这一理念的变化，成就了农村天翻地覆的变化，取得物质、精神及其之间的和谐发展。"

生态环境焕然一新

　　他接着说："绿水青山就是金山银山，生态环境引起各级政府的高度重视。粗放型经济发展得到改变，那些有污染的小作坊、厂矿迅速关停，废气、

废水、废物得到有效治理。大棚蔬菜、各种果木、各种花卉、各项服务业等绿色产品蓬勃发展。"

乡村生活与日俱新

他继续说道："农民的排房也就变成了一座座小别墅，家庭厕所也改成了水冲式。村村通的道路都进行了硬化，各家各户也用上了自来水、天然气、暖气，4G 网络、智能手机、智能电视在农村也快速普及，农家乐、超市、书店、电子商务在农村也得到发展。"

康乐活动花样翻新

他笑着大声说："由于机械化耕种收割，原来的打麦场如今不需要了，进而变成了文化广场。早上和下午均有人在跳广场舞，有的在唱歌、唱戏，有的在打拳。文化新村、活动新村展现在世人面前，真是一处人间乐园。"

就业创业万象更新

随后他又举了几个例子进一步说明："农民的钱袋子也一天天的鼓起来，收入较改革开放前增加了几十倍。后街高大哥的儿子建章是河南省浪京卫浴总代表，他一人就解决了上百人的就业问题。像他这样好的发展，咱们村还有好几个。所以，咱们村的年轻人就在门口上班，不需要到外地打工了。"

幸福指数创纪录

他继续讲："上述农村的这些新时代的新变化，大大缩小了城乡差别。咱们村的老人寿命也是一个很好的例证，东院的毛大娘去年 103 岁去世了，你的三大娘、四大娘也都是活到九十八岁才去世。这说明人们幸福指数节节升高，才有这样的好结果。另外，改革开放前，咱村里没有一个大学生，

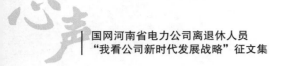

可是这些年，每年都有三四个大学毕业生。"

精准扶贫结硕果

我随着他拜访了几家较为贫困的村民，去的路上我思绪万千，心潮澎湃。到了那些贫困户家后我看到的是另一番景象:院里都进行了绿化、硬化、美化，屋里院里收拾得干干净净，穿着打扮和城里人没有什么区别，家用电器一应俱全。我看到了精准扶贫在农村的很好落实，看到了全面决胜小康社会的曙光，看到了本世纪中叶建成现代化强国的希望。

我的发小高山，所谈的改革开放后新农村的美好生活，我也亲眼目睹。说实话，当看到农民的生活如此甜美，我内心也美滋滋的。

高山说:"你退休后发挥余热，又返聘干了十几年。"我说:"你退休后不仅在干农活，又是一位业余宣传员。你办板报宣传了党的方针政策，还有科技种田、种菜、种果、种花养殖等知识，传递农村的正能量，这真是人民教师为人民，人民教师忠于党的真实写照。"

正说着他的孩子来了，要找他到广场上看演出。走时他又叮嘱我:下次回来我要听你讲城市和国网电力公司改革开放的发展和变化。

门球让我的退休生活更精彩

国网三门峡供电公司　王保军

　　我是一名普通的退休人员，工作时按时上班，按时下班，忙工作，忙开会，每天过得很充实。从繁忙的岗位上退下来后，由于不再整天忙忙碌碌，我一开始很是自由自在，但时间长了就感到生活有点单调、乏味，我想这样长期下去可不行。在 2005 年 4 月份退休后，由于生活环境变了，生活内容变了，生活规律变了，心态也要随之调整才行，我积极响应"走出来、动起来、学起来、乐起来"的号召，安排好自己的退休生活。我在 7 月份开始学习打门球，通过不断练习、不断摸索，掌握了门球的技巧，在当年 9 月份就参加了省公司门球比赛。

　　门球起源于法国，二十世纪三十年代传入中国。它的规则简单、比赛时间短、安全性强，是一项寓体、寓智、寓乐的大众体育项目，是一项非常适于中老年人进行的体育运动。一来可以锻炼身体，二来不消耗很多的体力，适合年纪大的人锻炼，是老年人的第一运动项目。因为我们公司退休职工众多，大家都非常喜欢这项运动。

　　门球也是一项竞技类体育运动，想打好门球也不是件容易的事。五个红球五个白球，红球是 1、3、5、7、9、白球是 2、4、6、8、10，红白两队进行比赛，虽然只是过门、击球、闪击球等，但每个球互相制约，互相利用，战略战术很复杂，需要手脑并用，想达到一定水平很困难。门球还是一个非常讲团队整体性、特别强调团队合作的一项球类运动，适用"木桶原理"的短板效应，个人自以为是地打一杆"英雄球"，会导致全队全盘皆输。在团队配合中，先要稳，再力保准，能稳接球的，就不要中远距离猛打猛冲，造成不必要的失误。门球的开局战术需要配合，比如一门放弃，就需要有人承担压力；门球的进攻需要配合，比如接位，这就需要有人甘做人梯；门球的整体布阵需要配合，比如主动分散甚至主动出界；而在队友出现失误时需要配合，比如择机主动远攻或主动防守待机反攻以扭转被动……总之，这都需要队员的极强的团队意识，不提倡、不能搞个人英雄主义。队员们在主角和配角的转换上都尽可能表现得十分到位，才都有机会人人当英雄。为了提高水平，我买了几本门球方面的书，下了好大工夫才掌握最基本的战术。同时通过外出参赛，开阔了眼界、增长了见识，更加热爱门球，离不开门球了。每天除了吃饭、睡觉，我的时间和精力几乎全在门球上，要么在球场上练球，要么在家里研究门球战术。

对于门球爱好者来说，最开心的事儿莫过于自己的技艺提升了。在球场上最高兴的就是自己的球进了门，或者一锤就把这三个门全部进了，又撞了柱的话就更高兴了。心情愉快有益于身体健康，每天坚持运动，对预防老年痴呆等疾病都有好处。

打了十年门球，由于热爱门球，甚至痴迷门球，门球成了我退休生活的全部内容，在此期间，我也取得了不少成绩：在省公司门球比赛中三次取得第一名，全市门球比赛三次取得第一名。为了进一步提升自己，我于2014年4月份参加门球裁判员学习班培训，并获得裁判员资格，2014年9月份起上场执裁，2018年获得国家级裁判员资格。至今，多次在省公司门球比赛担任裁判员，并在全国二十八届牡丹杯门球比赛中担任裁判员。

总之，我的老年生活过得很时尚，人老心不老，年龄大了不能一味养尊处优追求清静，要积极向上过好每天的24小时。愁眉苦脸也一天，开开心心也一天，为什么不快乐地过每一天？"放得下，想得开"是我的座右铭，

看透了才能人生快乐，有句顺口溜说："只要能吃饭，钱就不会断"，遵循这个原则，我和老伴每天雷打不动加强锻炼身体、练习门球，打造我们丰富多彩的老年生活！

乐 在 舞 韵 中

国网郑州供电公司 张爱芳

前年的初夏，知道公司退休办要在重阳节组织一次退休职工参加的文艺汇演，西片区爱好文娱的姐妹们便开始行动起来，唱歌、太极拳、柔力球都投入紧张的排练中，其中柔力球是最难的节目，它是集太极、舞蹈和球技于一体的综合性项目，要求精神高度集中，稍不留神就会掉球。为了把最好的效果展示给大家，每个参演的队员都刻苦练习，每个动作都要做几百次，刚开始练太极马步，腿疼得都蹲不下去，可没有人说停下来，都是怕自己做不好影响整体效果。因此我每天在家里也跟着音乐一遍遍练习怎么把球既能玩得动作到位又保证不掉或少掉球，真是费了不少心思，下了不少工夫。

当参演的三个节目都练得初见成效的时候，片区负责人建议再增加一个舞蹈，使汇演的节目更加丰富一些，因次我又被抽去参加舞蹈《水乡温柔》的排练。光听这名字就知道这是一个很柔的、有韵味的舞蹈，不像广场舞节奏感那么强，跟着就能做下来。开始练习时根本做不出来那柔柔的动作，当时感觉自己真是不行，演不下来，想退出不练了，或者换一个简单一些的。后来在队友鼓励下，我就下决心尽最大努力继续练下去。我就先把歌词背会，再反复听音乐，领会这个歌的意境，仔细琢磨每个动作，就是在外面走路也是嘴上唱着、心里想着一个个动作，把自己的表情糅进音乐和动作中，最后终于和大家一起完成了排练。

经过一个夏天的排练，终于等到演出的时候了，当我在舞台上跟着音

乐向大家展示所有的参演节目，听到台下不断的鼓掌声时，我的眼睛湿润了，心被感动了，觉得所有的辛苦、付出都值了！

又到了 2015 年 7 月份，我参加了一个舞蹈《天边》的排练，因为这个舞蹈队形变换快、来回穿插多，且队员住的地方分散，没有合适的场地，开始所有参演的队员都要集中到绿城广场排练，每次我都是 5 点多就起来，6 点 20 分从家里出发，7 点钟开始排练，当时天又比较热，每次排练完都是满身的汗，经过几个月的努力，《天边》在汇演中获得了大家的好评，后来这个舞蹈又代表公司退办参加了河南省老年舞蹈大赛及公司职代会的汇报演出，获得了领导和观众的称赞。

通过参加这两次汇演活动，使我有了很大的收获，首先是参加集体活动，虽然有时很累很辛苦，但感觉心情很愉快，好像年轻了几岁，对身体健康很有益处；其次是爱好增加了，原来对舞蹈不擅长，总觉得自己不适合跳舞，但通过和大家一起排练，可以逐步提高舞技，信心就增加了；再次对音乐的欣赏能力提高了，以前虽然也喜欢听音乐，但现在如果要和自己所跳的舞蹈结合起来，就必须深刻理解这个歌曲的意境，当音乐响起来时，你会感觉身临其境一样，就像每当听到《天边》这支歌曲时，就会感觉到自己是在那辽阔的草原上，看到蓝天下成群的骏马和洁白的羊群，心会随着乐曲飞扬，真是一种美的享受。

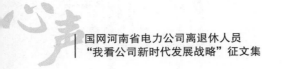

当 我 老 了

国网三门峡供电公司　阎军玲

"当你老了，不再清澈的双眼，流淌着春夏秋冬的故事。请容我站在你的身边，静静凝望你的双眸，默默轻读你的心声。你淡定的目光，淹没了岁月的辛劳，你从容的微笑，写满了生命的每一个章节。如果虔诚的灵魂，可以盛开一朵洁白的莲花，就让我化作一片莲叶，静候你绽放的那一瞬间。捧起那本年轻时为你读过的诗集，落英缤纷的诗行里，生死离别，已变成刹那芳华间永恒的回眸……"

第一次看到这篇散文诗，是在参加一次新春诗会的筹备会上，一位大姐说她有篇散文诗篇幅较长，想找人与她共同朗诵，一听题目是《当你老了》，我便第一个举手报名。待拿到作品仔细读了一遍之后，我的心当即就被强烈震撼、深深感动了。也许，是恰好暗合了我的心境：五十岁，应该算是踏入老年门槛了。也许，是这散文诗的文字太过优美，如激越的琴声穿越迷离多彩的光影，似琼瑶仙子千般娇媚万种风情携风踏云飘摇而至，令我陶醉不已。夕阳虽已薄暮，却映照晚霞，披金镶银，流光波影，与月光山水交相辉映，积淀人生厚重，散发浓郁醇香，何其美好！多么令人向往！

岁月如歌，真爱无痕。走近夕阳，相依相伴几十年的爱人，早已在各自的生命中融入了彼此，陪伴、关怀、依恋、牵挂、搀扶，哪怕是偶尔的吵架拌嘴，都在经年的守望中，全部汇聚到浩瀚人生长河中，历经千山万水的烟雨迷蒙，汇聚成一个大大的"爱"字！

爱，可以胜过一切。时光如箭，一去不返，几十年仿佛转瞬之间。看到父母的白发，心中正酸楚不已，转回头，却发现身边孩子他爹，脊背不知何时已经不似从前那般笔直坚挺。揽镜自照，镜中人的眉梢眼角尽显疲惫，昔日眼波流转的顾盼与风姿所剩无几。是谁偷走了我们的青春？此言问出，先自哑然失笑了：自然规律嘛，谁能逃过呢？我们不是主宰，无法选择生命的长度，但我们可以决定生命的内涵，将有限的人生活出丰富、活出精彩、活出意义。

我很庆幸，我的生命中总是经历太多的爱。我曾写过一篇《有爱才是家》的文章，里面提到过我的爷爷，却是与我并无血缘关系的——他是父亲的继父。当年，有血缘关系的爷爷病逝后，奶奶带着才几岁的父亲走进后来这个爷爷的家。之后的岁月里，爷爷对父亲始终视如己出，却一生都没有自己的亲生儿女，他把全部的爱都给了我们。打我记事儿起，爷爷就是最疼爱我的人，每次去赶集，爷爷总是将我高高架在他脖子上，在熙熙攘攘的人群中，赶集的亲戚们大老远就能看到……这是我最早感受到的超越血缘亲情的爱，使我铭心刻骨，受益终生。

"当你老了，蹒跚的脚步在黄昏的小路上，诉说着陈年的旧事。银色的月光，洒在我们曾经走过的，那条蜿蜒曲折的路上。我挽着你的臂弯，在落满了花瓣儿的香草园中散步。你佝偻的背影在晚秋的风里，写满了一身的倦意，我，在时光的尽头等你……"每次读到这一段，眼前总会浮现出父母的身影，心中满了愧欠。他们年逾古稀，却素常体谅儿女，从不对儿女有过多要求。老人帮我们姊妹三个带大了孩子，七年前曾自告奋勇去天津陪伴照顾我即将高考的儿子达半年之久，如今，又在咸阳照顾我弟弟的儿子读书，虽然辛劳，却心甘情愿、毫无怨言。老母亲豁达乐观，心态平和，与人无争，常以善事为乐，坚持读书看报，电视的今日说法每天必看，常能结合社会热点问题发表看法，有时还会给出一些积极的建议。作为医生的老父亲责无旁贷地肩负起照顾患有慢性冠心病母亲的责任，同时包揽了买菜的任务。两位老人同甘共苦五十余载，我从不曾从他们口中听到过一句爱的表白，却见证了他们几十年风雨同舟、患难与共的感情。如今，这份爱愈加深入骨髓，因为他们早已将对彼此的爱升华为一种相濡以沫的亲情，他们相互搀扶，用心火点燃自己，在人生的暮色中照亮前行的路……

"当你老了，红颜褪尽后，脸上有了朝圣者一般圣洁的光芒，青春虽逝，美丽尽绽。请容我把流年的风尘，装进岁月的花瓶，放在洒满月光的窗台，夜风拂过，让一段段美丽的时光，一次次在我脑海里回放。那一瞬间，所有的往事，都轻吟成一首首细腻柔情的歌谣，在自己的故事里，反复咏唱出不变的曲调……"这一段，仿佛是对我的轻言慢语。时光荏苒，落叶无痕，如今，我已告别工作岗位，光荣退休。退休之后干什么？孩子他爹与亲朋好友不止一次问起，我说还没想好。是啊，该干些什么呢？读书，陪伴父母，这个是列入计划中的。退休前，同在一个办公室的同事说："到时候在办公室见不到你了，肯定还怪不适应呢。"另一个同事说："你虽然退休不上班了，时不时还回咱办公室转转。"紧接着，其他同事也纷纷七嘴八舌加入进来，这个说："你们退休人员结伴出去玩的时候也叫上我，我歇公休假咱一起去。"那个说："现在网络信息如此方便，经常电话、微信、视频啊……"说得我心里暖流涓涓，感叹同事之情谊的真诚与深厚。

"我在寂静的夜里等你，风，吹过昨天的记忆。我微笑着看你从远方踱步而来……"当我老了，就站在对面的街角，静静地，静静地，等你！

感受书的魅力

国网郑州供电公司　张爱芳

每个人同时都会有几个爱好，我也不例外，但我最喜欢而且受益最大的当数看书了。

从认识字开始便喜欢看小画书，因那时家庭条件有限，有了几分钱不舍得去买糖吃，而会到街边摆书摊那儿租小画书看。虽然很多字不认识，但那时的画书画面很逼真，基本能看懂个差不多，知道了很多寓言、童话故事等，看完后会讲给好朋友听与小伙伴一起分享，感觉是一件很高兴、很有趣的事。随着年龄的增长，知识面的扩大，小画书已不能满足需求了，同学中间开始传递看小说了。因为二十世纪六七十年代书店里没有"文革"前出版的小说，都是家藏的、不敢公开看的小说，因此借到手后都是囫囵吞枣、通宵达旦地看完尽快还回去，就这样也是兴奋好几天，被小说里的故事情节所感动，总盼着下一部小说什么时间可以看到。那时我就盼望着什么时候能自己有很多书，想什么时间看就什么时间看！

我终于参加工作了，有了自己可支配的钱，那时书店里也开始出售再版的"文革"前的小说，每个月我会抽出一部分工资去书店选购喜欢的书籍，回来后安安心心地看起来。随着文化市场的发展，书店里发行的书越来越多，种类也很丰富，除了国内的小说还包括外国名著，还有各种杂志、文摘、人物传记等，真是让人有点眼花缭乱。后来我就选择性地买书，包括以前没有机会看的很多外国名著，可以踏踏实实地看了。

二十世纪八九十年代相继出版了不少优秀的小说，例如获得过茅盾文学奖的《李自成》《白鹿原》《平凡的世界》《茶人三部曲》等，都是值得一看的佳作。其中《平凡的世界》前后看了三遍,每看一次都会有不同的感受。我会为故事里的主人公生长在那样贫穷的环境而感到难过,知道在西北的那片土地上还有那么一群人生活如此艰难。还有多次再版的钱钟书先生的《围城》,看后真是被钱老先生对人物的讽刺和幽默比喻折服。时而忍俊不禁、时而令人荡气回肠,欲罢不能。后来又有了发行量很大的《读者文摘》(后改为《读者》),第一次拿在手里就被深深地吸引住了,它确实是一本值得看的综合性文摘,一本文摘可以说包罗万象,有很多我喜欢的文章,有时一个小故事会让人明白一些做人的道理,有些名人轶事则会令人趣味无穷,有些文章会如涓涓细流般打动我的心扉。

多年的看书历程,可以说书在不知不觉中影响着我的成长。我在上学期间喜欢看书,遇到生字会去查字典,遇到生僻的词会查词典,久而久之会比其他同学认识的字、词多一些;文学知识积累也了多起来,每到写作文的时候,就感觉不是难事,一提笔腹稿好像就打好了,想写的东西会像泉水一样源源不断地流出来,经常是不打草稿、一气呵成。后来参加工作、再后来接受专科阶段的学习,我所积累的知识都起到了很大的作用。通过这些书可以提高自己的文学修养,它们就像老师一样,用通俗的语言让我学到生活的哲理,学到真、善、美。在人生徘徊、犹豫的时候,它会给我指明前进的方向,甚至会拨正我人生的坐标。

我的床边每天都放着一本书。当华灯初上,在家这个安静的港湾中翻阅着自己喜欢的书,如同春风拂面,荡涤着心中的尘埃。爱上书就不会寂寞,书就像一个知心朋友,看书如同和知心朋友对话,会把自己当做其中的一个角色,把自己的喜怒哀乐统统倾诉出来。人生之路并不顺畅,会遇上坎坷和烦恼,但只要与书做伴,就有开启心灵的钥匙,就会勇敢地走下去,这就是书的魅力。高尔基曾经说过:书是人类进步的阶梯,养成爱看书的习惯,书会影响我的一生。

我的健康我做主

国网许昌供电公司　王秀团

我是王秀团，中共党员，许昌供电公司退休职工。首先要感谢党给了我们幸福的晚年生活，有了社会的稳定，祖国的昌盛，才有了我们现在的老有所养，老有所乐！我今年虽已 67 岁，但身体却硬朗得很。退休后，我十几年如一日，练习拳艺，磨炼意志，修身养性，默默地奉献着自己的余热，把自己所学的太极套路倾囊传授给别人。我不善恭维、不张扬，正直地走着我认定的健康之路——锻炼，我的健康我做主。

我原来在公司农电科工作，在岗时，身体本就不是很好，加之农电工作十分辛苦，下县、电厂检查一圈就得十五六天，由于当时条件限制，检查情况总结、报告都得手写，领导改后还要再次誊写，誊写个两三遍是常有的事。由于长时间的伏案工作，造成我颈椎病、腰椎间盘突出，原来低血压的我血压又猛窜，最后落了个高血压的毛病。那时见人我就说："退休了得好好看看病，不能总一身病，这咋给上班的子女当好后勤呢！"

退休后，彻底闲下来了。有了时间，我就不断地求医问药，中医、西医看了个遍也没能医好我工作时落下的疾病，多年的类风湿使我十指变形，膝关节酸麻、痛；高血压、心脏病、心肌缺血痛苦依然伴随着我；双方四位老人需要我不时地照顾，孙辈更需要尽心尽力地带，而且老伴的身体也不是很好，退休后我的生活并不轻松。而且一日三次服药也没有减轻我的痛苦和不适，各种疼痛依然伴随着我，倒是添置了不少健康理疗机、治疗仪……

一个偶然的机会，我接触到太极拳，看到一位习武多年的老者出手敏捷，步幅轻快利落，我的心动了，于是我便走上了习练太极拳之路。我虚心好学，不耻下问，对每一式的手、眼、身、法、步追根求源，不断和拳友切磋，力求把拳式中的手、眼、身、法、步做到位。吃完饭收拾利落后就看资料、看光盘，一招一式地学习、模仿；在我的书架上摆满了太极拳、剑的书籍，以及光盘和学习心得笔记、摘抄……

一分耕耘便有一分收获，我虚心的学习态度受到了授拳老师的赞赏，在他们的严格要求和悉心指导下，从拳法身架上找不足，从理论上找依据，几年来，拳、剑、扇打得有模有样，最主要的是我的身体素质得到了提升，以前暗黄的脸上泛起了红晕，困扰了二十多年的酸、麻、疼、困的膝盖不见了踪影，心肌缺血全部改善，心脏病的用药也停了。

我的身体变化引起了我的老同事和朋友的关注，一位曾在我三十岁看病时的老中医号脉后告诉我：你这几年的太极拳可没有白练，现在你的脉搏跳动有力，经络没什么事，如果照此下去，你的身体会更好。有了医生的肯定和建议，我的锻炼劲头更大了，在我的影响和带领下，不少人和我走上了健康之路。

我的老师善于做工作，并问我是否想练好拳？讲"教学相长"的哲理，并说，带着任务学拳、教拳是对自己练好拳的鞭策和动力。

只教动作对当时的我还算凑合，要在教拳时既讲动作分解又讲攻防含义，力点在哪儿，怎样沉肩坠肘，怎样含胸拔背，连我自己都感觉做的不到位，怎么去教别人呢？"不要紧，我相信你，不信你带一个班试试。"就这样，我教中学、学中练地当起了"老师"。

当好老师要靠自己不断地学习、摸索和提高。教别人一个字，自己要会三个字，但是学拳和学习不一样呀！哎，既然老师说了，带一个班试试吧！于是我的空闲没有了，看书、看光盘，对着镜子模仿，让老伴儿当学员，提一些刁钻的问题，并让子女挑毛病；有了电脑后，看视频，浏览名人名家的演练，力求把动作做准确；当老师教拳教剑时，尽管我会，还是重回"课堂"，像一个初学者一样，认真学，仔细看。

实践中，我真正体会到：每教一次新班都是自己重新学习、重新理解拳术的机会，每教一班也是自己了解对方，学习对方的机会。

我的教学得到了拳友的认可，同时也得到了上级主管部门的认可，2005 年 6 月我被授予二级社会体育指导员；2011 年我被授予一级社会体育指导员；2009 年我被授予武术项目国家二级裁判员；2014 年经考评，我被授予中国武术杨式太极拳肆段位；每年我都被市体育局授予优秀社会体育指导员，2006 年授予河南省优秀社会体育指导员。

我从来没有满足，我会向更高的顶峰攀登；我从不追求个人得失，我甘愿奉献，只要大家和我能在锻炼中得到健康，这就是对我的最大回报！

老人重十一养　可得福寿康

国网郑州供电公司　金仕成

节食养胃，欲求肠胃健康消化良好，重在饮食保养，养胃优于药物治疗，根本在少荤腻少咸辣、戒烟酒、少零食，多蔬菜水果，品种多样搭配，营养平衡，细嚼慢咽，切忌过饱。

运动养体，生命在运动，可以延缓衰老。运则活（气血畅通），动则健康（肌肉筋骨增弹性，防止僵化），炼则壮（增强免疫力，抵抗恶劣环境气候侵袭），壮则旺（精神旺食欲旺气血旺），旺则康，康则延寿。

静以养神，贵在动静结合，重在静心明志，意守丹田，远离喧嚣、混乱、浮躁、烦恼、污染视听，要消除私欲杂念，使心胸坦荡豁达，神情轻松怡然。

寡言养尊，寡言多思，多思己过，可言时则言，言必谦，出言有物，防空话、废话、假话，勿谰言、勿牢骚，慎言少祸。

读书养智慧，书中知识理论渊博，能健脑，增智慧，达明理，免昏庸，防痴呆，使思想与时俱进，学有益之书，终身不辍。

临池养性，常习书绘画，系养生之要诀。可以忘忧，可以制怒，可以陶情，可以悦性，可以添趣，故书画家情操高雅，气质达观。

勤俭养德，勤能补拙。俭可养廉，勤劳克服颓废娇气懒散孤陋恶习，能启发智慧、培养创造性，对心神四肢皆有裨益。

节俭养廉，节俭持家，节俭是中华民族传统美德，"俭为德之恭，多为恶之大"，俭则寡欲，节可兴邦，节俭之人不追奢华时髦，不喜新厌旧，不去损人利己、贪污受贿，定有廉洁奉公之品德。

诚恳养贤，诚恳忠厚，品德高尚，是灵魂纯洁的表现，是取信于人的基本原则，是取得事业成功的重要条件，他必然是求真的唯物主义者。

宽厚养福，胸怀坦荡，豁达大度，感恩铭德，以德报怨，肯容人之过。不怨恨，不嫉妒，不小肚鸡肠，以宽厚待人处事，则家兴、和睦、友信、福安、福绵世泽。

仁慈养寿，仁者无辱，慈善而康，心存无愧，养老恤幼，上慈下孝，泛爱泉，家必昌，人必寿。

责任编辑　王惠

微信号：Waterpub-Pro

唯一官方微信服务平台

销售分类：电工技术

ISBN 978-7-5170-7320-8

9 787517 073208 >

定价：58.00 元